兴林富民实用技术丛书

图说珍贵树种和大径材
培育技术

浙江省林业厅 组编

浙江科学技术出版社

图书在版编目(CIP)数据

图说珍贵树种和大径材培育技术/袁位高主编.
杭州：浙江科学技术出版社，2009.4
（兴林富民实用技术丛书/浙江省林业厅组编）
ISBN 978-7-5341-3520-0

Ⅰ.图… Ⅱ.袁… Ⅲ.珍贵树种—育种—图解
Ⅳ.S79-64

中国版本图书馆CIP数据核字（2009）第033307号

丛 书 名	兴林富民实用技术丛书	
书　　名	图说珍贵树种和大径材培育技术	
组　　编	浙江省林业厅	
出版发行	浙江科学技术出版社	
	杭州市体育场路347号　邮政编码：310006	
	联系电话：0571-85170300-61711	
	E-mail: zt@zkpress.com	
排　　版	杭州大漠照排印刷有限公司	
印　　刷	浙江全能工艺美术印刷有限公司	
经　　销	全国各地新华书店	
开　　本	880×1230　1/32	印张　2.875
字　　数	63 000	
版　　次	2009年4月第1版　2015年3月第6次印刷	
书　　号	ISBN 978-7-5341-3520-0	定价 5.00元

版权所有　翻印必究
（图书出现倒装、缺页等印装质量问题，本社负责调换）

责任编辑	章建林　李亚学	责任校对	顾　均
封面设计	金　晖	责任印务	李　静

《兴林富民实用技术丛书》编辑委员会

主　　任　楼国华
副 主 任　吴　鸿　邱飞章　邵　峰
总 主 编　吴　鸿
副总主编　何志华　郑礼法
总 编 委　(按姓氏笔画排列)
　　　　　丁良冬　王仁东　王冬米　王章明　方　伟
　　　　　卢苗海　朱云杰　江　波　杜跃强　李永胜
　　　　　吴善印　吴黎明　邱瑶德　何晓玲　汪奎宏
　　　　　张新波　陆松潮　陈功苗　陈征海　陈勤娟
　　　　　杭韵亚　赵如英　胡剑辉　姜景民　骆文坚
　　　　　徐小静　高立旦　黄群超　康志雄　蒋　平

《图说珍贵树种和大径材培育技术》编写人员

主　　编　袁位高
副 主 编　江　波　朱锦茹　黄丽霞　沈爱华
编　　委　(按姓氏笔画排列)
　　　　　王月生　毛玉明　朱锦茹　刘　伟
　　　　　刘建灵　江　波　沈爱华　张　骏
　　　　　袁位高　黄丽霞　彭佳龙　葛永金

序

　　林业是生态建设的主体,是国民经济的重要组成部分。浙江作为一个"七山一水二分田"的省份,加快林业发展,建设"山上浙江",对全面落实科学发展观、推动经济社会又好又快发展,对促进山区农民增收致富、扎实推进社会主义新农村建设,对建设生态文明,构建社会主义和谐社会都具有重要意义。

　　改革开放以来,浙江省林业建设取得了显著成效,森林资源持续增长,林业产业日益壮大,林业行业社会总产值位居全国前列。总结浙江林业发展的经验,关键是坚持了"科技兴林"这一林业建设的基本方针,把科技作为转变林业发展方式的重要手段,"一手抓创新,一手抓推广",不断增强现代林业的科技支撑。我们要认真总结经验,在进一步深化改革、搞活林业经营体制机制的同时,继续把科技兴林作为发展现代林业的战略举措,坚持林业科研与生产的有效结合,强化应用技术研究,加快科技成果转化,不断提高林业生产效率、经营水平和经济效益,推动现代林业又好又快发展。

　　为进一步加快林业先进实用技术的普及和推广应用,浙江省林业厅组织有关专家编写了这套《兴林富民实用技术丛书》。本套丛书突出图说实用技术的特点,图文并茂,内容丰富,具有创新性、直观性,通俗易懂,便于应用,适合于林业技术培训需要,是从事林业生产特别是专业合作组织、龙头企业、科技示范户以及责任林技人员的科普读本、致富读本。相信这套丛书的编写出版,对于发展现代林业,做大、做强具有浙江优势的竹木、花卉苗木、特色经济林等林业主导产业,提高农民科技素质具有积极作用。希望浙江省各级林业部门用好这套丛书,切实加强以林业专业大户、林业企业经营者和专业合作组织为重点的林业技术培训,提高广大林农从事现代林业生产经营的技能,为全面提升林业的综合生产能力和林产品的市场竞争力,走出一条经济高效、产品安全、资源节约、环境友好、技术密集、人力资源优势得到充分发挥的现代林业新路子提供服务、作出贡献。

浙江省政协主席

2008年6月

前　言

　　珍贵用材与大径材是建筑业、装修装饰业和家具制造业的主要原料。据统计，2004年我国家具制造行业实现产值2730亿元，出口木制家具1.29亿件；2005年出口木制家具1.49亿件，增幅高达16%；2006年达到1.73亿件，较2005年增长了16%。我国已经成为美国、加拿大、日本、英国、韩国等主要家具进口市场的最大供应国，并正在成为世界家具制造中心。家具业的迅猛发展，使得珍贵用材与大径材的需求越来越旺盛，年消耗木材超过3000万立方米。

　　然而，由于我国珍贵用材与大径材资源严重不足，长期以来不得不依赖进口。2006年，我国原木进口量首次突破3000万立方米，达到3215万立方米，主要树种包括阔叶原木、阔叶锯材和阔叶薄板类的珍贵用材。浙江省是全国木业大省，年消耗木材1500万立方米，缺口达1000万立方米以上。可供采伐量与林木需求量之间的缺口几近10倍。珍贵树种进口量每年递增14.7%，使用外汇超过15亿美元，进口珍贵木材200多万立方米，到2020年预测需求将达900多万立方米。由于木材资源的短缺，严重制约了木材加工产业的良性发展。为此，浙江省提出了积极培育珍贵用材林的发展战略，到2020年全省将建设珍贵树种用材林基地100万亩，初步建成符合市场规律的珍贵树种资源战略储备格局。

　　发展珍贵用材与大径材不仅市场前景广阔，而且具有较高的经济效益，如榉木、花榈木等市场价格均在1万元/立方米以上，每亩主伐收入可达到10万元，甚至数十万元。然而，由于珍贵树种和大径材树种数量多,培育技术各异,且培育周期较长,因此其培育风险也较大。为此,我们编写了《图说珍贵树种和大径材培育技术》一书,试图以图文结合的形式介绍榉树、红豆树、鹅掌楸等珍贵用材与大径材树种的立地选择、种苗培育、栽培方式、林分抚育等实用技术,为广大种植户、农技人员培育珍贵用材林与大径材人工林提供技术帮助,从而促进农村经济的稳定发展。

由于编者水平有限,书中有疏漏和不足之处在所难免,恳请广大读者批评指正,以便今后修订、完善。

编 者

2009年2月

目录
CONTENTS

一、珍贵用材和大径材概述
（一）珍贵用材和大径材的概念 /1
（二）立地条件与树种 /2
（三）培育方式 /3
（四）密度管理 /4
（五）节痕控制 /5

1. 修枝的基本要求 /5
2. 立木密度与修枝 /6
3. 修枝作业季节 /7
4. 初始修枝高度 /7
5. 修枝初始直径 /7
6. 修枝强度与林木生长 /8
7. 修枝方法 /8

（六）病虫害防治 /9

二、大径材培育模式
（一）杉木 /10

1. 适宜条件 /10
2. 苗木培育 /11
3. 营造技术 /13
4. 采伐更新 /18

（二）马褂木 /18

1. 适宜条件 /18
2. 苗木培育 /19
3. 营造技术 /21
4. 林分管抚 /23
5. 采伐 /25

（三）枫香 /25

1. 适宜条件 /26
2. 苗木培育 /26
3. 营造技术 /27
4. 林分管抚 /29
5. 采伐 /30

（四）杨树 /30

1. 适宜条件 /31
2. 苗木培育 /31
3. 营造技术 /34
4. 林分管抚 /37
5. 采伐 /46

（五）泡桐 /46

1. 适宜条件 /46
2. 苗木培育 /47
3. 营造技术 /48
4. 林分管抚 /49
5. 采伐更新 /54

三、珍贵用材培育模式

（一）榉树 /55

1. 适宜条件 /55
2. 苗木培育 /55
3. 营造技术 /58
4. 林分管抚 /59
5. 采伐 /60

（二）红豆树 / 60

1. 适宜条件 / 61
2. 苗木培育 / 61
3. 营造技术 / 63
4. 林分管抚 / 64
5. 采伐 / 66

（三）刨花楠 / 66

1. 适宜条件 / 66
2. 苗木培育 / 67
3. 营造技术 / 69
4. 林分管抚 / 70
5. 采伐更新 / 71

（四）光皮桦 / 71

1. 适宜条件 / 72
2. 苗木培育 / 72
3. 营造技术 / 73
4. 林分管抚 / 75

（五）木荷 / 75

1. 适宜条件 / 76
2. 苗木培育 / 76
3. 营造技术 / 78
4. 林分管抚 / 79
5. 采伐利用 / 80

参考文献 / 81

一、珍贵用材和大径材概述

（一）珍贵用材和大径材的概念

珍贵用材树种是指木材具有硬度高、密度大、颜色深和纹理美观的特点，可用于制作高档家具、高档乐器、高档工艺品等实木制品及高档装饰、装修材料的树种。

图1　大径材

图2　优质旋切材材性

图3　优质珍贵用材材性

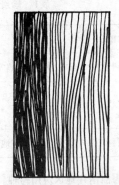

图4　优良建筑用材材性

大径材通常是指小头去皮直径≥26厘米、材长2米以上的木材。根据木材用途,大径材主要可以分为装饰用材、旋切材和建筑用材等。用作胶合板旋切材的树种要求速生、主干通直、边材比例大、无节疤。

(二)立地条件与树种

浙江省珍贵用材与大径材培育依据地理区位划分为浙南片、浙西北片和浙中及浙东南片3个大区。区内自然条件优越,立地条件好(原则上立地指数在14以上、平原地区立地类型在Ⅱ级以上),地势较平缓,不易造成水土流失和对生态环境构成影响的地区可营建珍贵用材与大径材培育基地。

选择珍贵用材与大径材培育树种要保证造林地立地条件与树种的生物学特性一致,适地适树适种源。还要根据造林目的、市场需求选择适宜的树种或品种。

发展培育珍贵用材与大径材,主要目标是培育具有特定规格的干材,使之早成材、成好材。为此,必须兼顾"速生"与"优质"两个主要因子。"速生"是追求产量,"优质"是强调质量,即不但可以提早生产急需的大径材,而且生产的木材要达到加工工艺要求。珍贵用材与大径材培育树种推荐见表1。

表1 珍贵用材与大径材培育树种推荐

培育目的	重点推荐树种
优质旋切材	杨树、桉树*、鹅掌楸、枫香、泡桐等
珍贵用材	银杏、香樟、红豆树、楠木、南方红豆杉、木荷、香椿、毛红椿、光皮桦、大叶榉等
建筑用材	杉木、柳杉、湿地松等

注:*为浙南片地区应用树种。

浙江省由于地形破碎、立地条件复杂多样、生境异质性高,不同树种对于同一立地的适应性和生长表现差异显著,且同一树种在不同立地上的生长表现变化幅度因树种而异。因此要贯彻适地适树原则,合理配置。如:在沟谷一带或坡下种植红豆树、楠木、鹅掌楸等树种,在中坡、上坡种植适应性较强的光皮桦、木荷、湿地松等,以形成斑块镶嵌的景观格局,提高造林区域内的景观异质性,减少乃至防止森林火灾的发生,降低森林病虫害风险或阻隔病虫害的蔓延。

(三)培育方式

珍贵用材与大径材培育应根据培育目标、栽培树种、立地条件等因素,采用相应的培育方式,目前主要有定向培育与林分改造两种模式。珍贵用材与大径材典型培养模式见表2。

表2 典型培育模式

培育目标	立地条件	栽培树种	造林密度 (株/亩)	培育方式
旋切材	滩涂地	杨树	10~28	纯林
	低山丘陵	枫香、鹅掌楸、泡桐等	42~74	纯林
珍贵用材	滩涂地	大叶榉	74~111	纯林
	山地、丘陵	毛红椿、光皮桦、香樟、大叶榉等	74~111	纯林或混交
		红豆树、红豆杉、楠木类等	111~167	纯林或与落叶树种混交
建筑用材	山地、丘陵	杉木、湿地松、柳杉等	111~167	纯林或与落叶阔叶树种混交

(四)密度管理

密度管理是珍贵用材与大径材定向培育的关键措施,包括控制初植密度和合理间伐。

稀植、不间伐的密度管理方式有利于珍贵用材与大径材胸径生长,能够提高出材率,但密度偏低也会使总出材量减少。强度间伐管理方式有利于单株材积生长,提高林分总出材率,但密度较小会使规格材产量降低。弱度间伐管理方式因密度较大,有利于提高单位面积规格材和木材总产量,但珍贵用材与大径材出材率较低。中度间伐既能提高规格材和木材总产量,又能维持较高的珍贵用材与大径材出材率,增加单位面积珍贵用材与大径材的出材量。

图5 稀植、不间伐 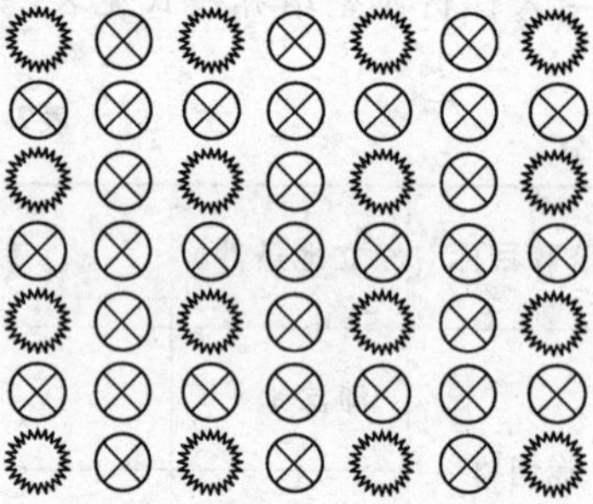　　　图6 密植、强度间伐

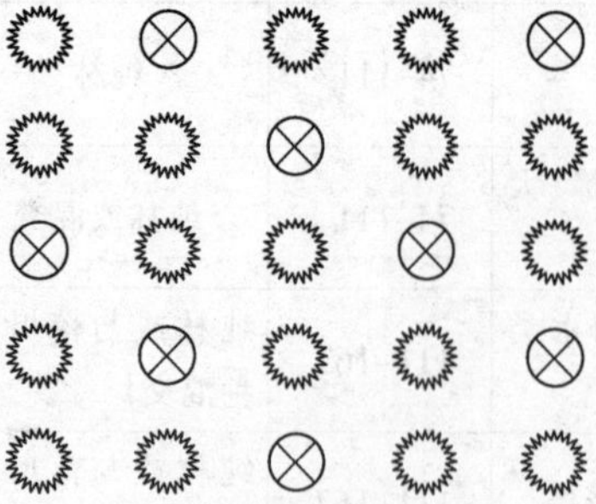

图7 稀植、弱度间伐 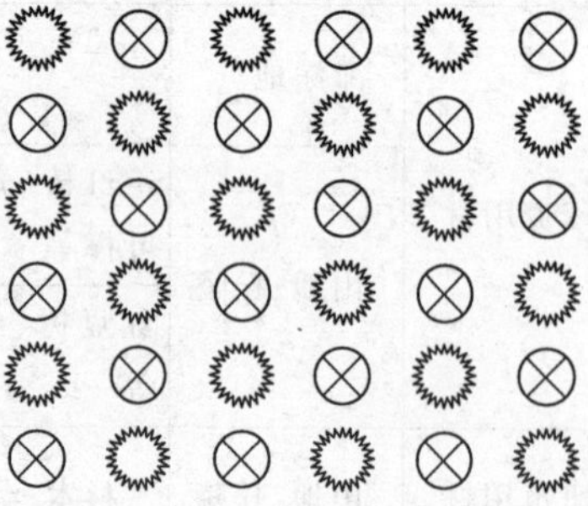　　图8 适度密植、中度间伐

间伐能增加光照,提高土壤温度,加快有机质的分解,改善地表植被;而且通过林分空间结构调整,可扩大保留木的营养空间,缓解林木间竞争关系,促进保留木的树冠发育和材积生长。对于混交林而言,通过对密度的适当调控,可以协调树种关系,使珍优阔叶树种处于有利地位;而且抚育间伐还能改善林内卫生状况,防止病虫害发生或蔓延。

培养旋切用材的林分,可用稀植、中等初植密度和适度间伐;培养珍贵用材的林分,可采用中等初植密度和适度间伐,或者适度密植、强度间伐的管理措施。间伐宜采用下层间伐法,做到砍小留大、砍弯留直、砍劣留优、砍密留疏。

(五)节痕控制

通常把无节、少节或节小,年轮致密整齐,树干圆满通直及无缺陷、无腐朽等作为优良材的标准。节疤痕在很大程度上会影响树干髓部的偏心率、圆满度以及弯曲度,其数量、大小、种类(生节或朽节)及其在树干上的分布是木材质量分类的决定性因素。通过抹芽、修枝,可培育优良干形,减少节疤,提高木材质量;而且适时修枝、去除病虫枝条,能防止病菌、害虫等对林木的破坏。因此,节痕控制是培育珍贵用材与优质大径材不可缺少的重要技术措施,主要包括修枝、虫眼控制、病疤控制。

1. 修枝的基本要求

修枝必须保证木材产品表面不出节。要做到这一点,修枝必须在树冠最下部侧枝处的树干达到一定直径时开始。起始直径因木材用途不同而异,如旋切材通常在6~8厘米时开始修枝。修枝应保证材质不变色、不腐朽。修剪粗大枝条时,应采用适合枝座形态的方法,避免树干受伤。

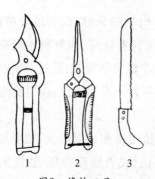

图9 修枝工具
1. 修枝剪 2. 剪梢剪 3. 锯

图10 修枝前、后木材剖面比较

2. 立木密度与修枝

培育珍贵用材与大径材林分的前提条件：在生长初期，通过提高立木密度，使未成熟木的木质部年轮宽度缩小，年轮均等、致密，从而形成树干通直、完满的优良材；同时，由于枝条变细，便于修枝作业，不易出现变色材。在生长中后期，减少立木株数，加快立木的径生长，促进珍贵用材与大径材的培育。

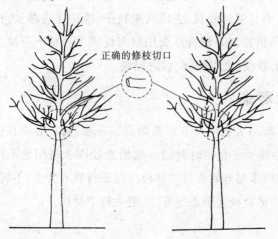

生长期必要时可进行轻度修剪　　休眠期可进行重度修剪　　错误的修枝切口

图11 修剪

3. 修枝作业季节

修枝作业最好在林木停止生长期间进行,因为此时修剪可以减轻修枝给树干造成的损伤,修枝效果好。另外,为防止杂菌感染修枝伤口,应避开在梅雨季节修枝。在休眠期可以重度修剪,而在生长期必须修剪的话,可以适当进行一些轻度修剪。

4. 初始修枝高度

修枝高度需根据木材用途和规格确定。培育旋切材时,可采用等高修枝;作为其他用途,如以促进林木生长为目的时,初始修枝高度通常为树冠长度大于全株高度的2/3,此时应进行第一次修枝。修枝时需修去最下一轮和生长不良的枝条。

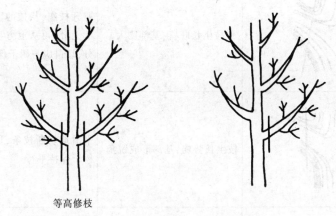

等高修枝

图12 修枝高度示范(旋切材用和其他用途)

5. 修枝初始直径

修枝初始直径根据木材用途和规格确定。培育旋切材时,为保证可旋切部分无节痕,通常以2米为修枝间距,当上段直径达到6~8厘米时,即应进行修枝;作为其他用途时,如以促进林木生长为目的,可按常规整枝进行。

6. 修枝强度与林木生长

通过合理调节修枝强度的办法可控制年轮宽度,使树干圆满。然而,如果一次过多地修去活枝条,枝痕包合就需要较长的时间,在这期间腐生菌易从伤口侵入,从而降低材质。

7. 修枝方法

根据不同的枝条特征,采取不同的修剪方法(见表3)。

表3　不同特征枝条的修枝方法

示例图	枝条特征	修剪方法
	枝生长旺盛,基部膨大	避开枝座,从枝的下方往上砍七分,再从上方往下砍三分,切口应与树干保持倾斜
	枝生长势弱,基部形成锐角	平滑地切断枝条,切口应与树干保持平行
	枝条生长衰弱或枯死,基部形成塌陷或入皮现象	枝皮残留在树干上易造成包合不良,所以应将枝皮略为剜出,但不要使树干出现可见伤

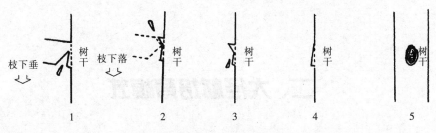

图13 修枝方法

1. 从下往上砍2/3 2. 从上往下砍1/3 3. 从下往上砍
4. 将切口砍成圆角 5. 切口正面

（六）病虫害防治

本着预防为主、生物防治和药械防治相结合的原则,在大径材的培育过程中实行综合防治,特别要结合病虫害防治,培养和选择抗性强的品种;按照适地适树原则选好造林地,实行集约经营,培育健壮林木,以增强抵抗力并提倡营造混交林等。具体病害、虫害的防治方法详见本书后续章节相关内容。

二、大径材培育模式

（一）杉木

杉木属杉科、杉木属常绿乔木，高达30米，胸径可达2.5~3.0米。杉木木材纹理通直，材质轻韧，结构均匀，强度适中，不翘不裂，质量系数高，用途广泛。杉木生长快，萌芽性强，人工繁殖容易，无论插条、实生苗和萌芽更新都能成林成材。杉木病虫害少，是培育大径材的优良速生树种。

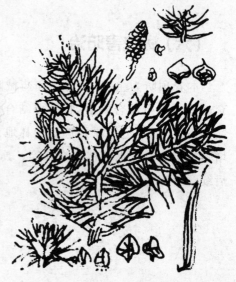

图14　杉木

1. 适宜条件

杉木喜温暖、湿润、微风的气候以及土层深厚、疏松肥沃、排水良好的土壤。

（1）气候条件。适宜气候条件为：年均温16~20℃，年积温5100~6500℃，年降雨量1300~2000毫米，降水与蒸发量之比为(1.0~1.4)∶1，相对湿度在77%以上，全年雨日在150~160天。

（2）土壤条件。培育大径材的土层厚度应达到100~150厘米。土壤的含水量在生长季节应为25%。土壤腐殖质层厚度应不低于15厘米,有机质含量(在40厘米深土层内)不低于2%。土壤的容重应不大于1.25。

2. 苗木培育

选择适宜的优良种源,能提高造林成活率和林分稳定性,增产潜力一般可达20%~40%以上,并能改善木材品质及树种抗逆性能。全国杉木种源试验结果表明:浙江省杉木造林应首先利用本省优良种源;对于外省(浦城、崇安、建瓯、南平、大田、武平、锦平、天柱、融水、三江、乐昌、铜鼓、会同等地区)种源,应实行定点采种、调种。营造珍贵杉木用材林时,可选用陈山红心杉。

(1) 播种育苗。选择土壤疏松肥厚、排灌方便的背风面,忌黏重土壤和积水地。适当早播,春播在2~3月,冬播以12月至翌年1月上旬为宜。播种前对种子进行精选、消毒和浸种催芽,可使种子出芽快而整齐,预防立枯病的发生。种子精选时,可用水选法浸种,或用硫酸铵溶液选种。消毒可用0.5%高锰酸钾或1%漂白粉浸种30分钟。催芽时应采用40℃的温水浸种12~24小时,自然冷却后置于暖房内,温度控制在25℃左右,保持种子湿润,24天种子吐芽后即可播种。

图15　种子处理

播种时宜采用条播,播种沟宽2~3厘米、深约1厘米、沟距20厘米左右,每亩播种5~6千克。播种后用筛细的黄心土或火烧土覆盖,厚约0.5厘米,上面再盖草,以保温、保湿,促进发芽。6~9月高温季节,要适当遮阳。在幼苗期要勤浇水,追肥要坚持"少量多次,由稀到浓"的原则。当地上部长出真叶时,可开始追施腐熟的、稀释为30%~50%的人粪尿,每8~10天施用一次,每次每亩施用量为200~250千克,也可适量追施尿素、硝酸铵等。在9~10月生长后期,停施氮肥,酌情增施磷、钾肥以促进苗木木质化,提高造林成活率。

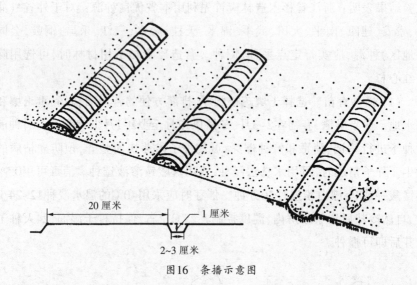

图16 条播示意图

幼苗出土后,隔7~10天喷一次0.5%~1%波尔多液或2%~4%硫酸铜溶液,每次每亩用量为100~200千克。若苗床积水,要及时排水,并喷施0.2%尿素溶液,以提高抗病能力。做好间苗、定苗工作,最后一次定苗在7~8月间,一般每平方米保留100~150株苗,条播时每米长播种沟保留20~30株苗。

(2)采穗圃。选择向阳、土层深厚、疏松、靠近水源的立地为圃地,全垦整地,每亩施用腐熟饼肥100千克,采穗圃床面宽1.2~1.8米、高0.25米,同时开排水沟。冬、春季定植,株行距为30厘米,每穴施钙镁磷肥0.2千克,扶正。在5~6月,把苗木根茎以上10~15厘米埋入土中,促使入土部位形成丛生萌条。每次采穗后要进行施肥,每亩施复合肥20千克或氮肥5千克,也可施腐熟饼肥60千克。冬季施足有机肥,每亩施腐熟饼肥150千克或复合肥100千克。旱季要注意浇水抗旱。在当年8~9月,剪去母株顶芽,并修剪下部侧枝。冬季采穗后,剪去老茎,保留1~2个新萌条进行培育。8~9月再将保留萌条剪去顶芽,修剪侧枝,使植株根茎处形成丛生状萌条。

(3)扦插育苗。杉木扦插育苗地要选择地势平坦、土层深厚肥沃、靠近水源、排水良好的壤土、沙壤土。整地做床的方法与播种苗相同。春季在2~4月、夏季在5~6月进行扦插,株行距为6厘米×13厘米;冬季扦插时株行距为2.5厘米×2.5厘米,插后浇透水,并注意保温、保湿。翌年春进行移栽,株行距为7厘米×15厘米。随采随插,插穗长6~8厘米,扦插深度为穗条长度的1/2左右,插后浇透水,使土壤与插穗紧密接触。夏季扦插要先搭好遮阳棚,因为扦插苗生根前要保持土壤表面湿润,使插穗不失水。但水分过多,又会使土壤通气性不好,造成烂穗,因此晴天要及时浇水,雨季要注意排水防涝。插穗生根后,及时松土除草,并结合浇水喷施浓度为0.2%的尿素溶液。

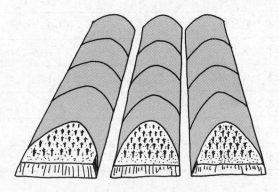

图17 夏季扦插要搭好遮阳棚

3. 营造技术

(1)新造林模式。新造林模式有杉木纯林模式和杉阔混交模式,提倡营造杉阔混交林。典型配置模式有:杉木×柳杉混交林、杉木×拟赤杨混交林、杉木×光皮桦混交林、杉木×乳源木莲混交林、杉木×毛红椿混交林等。

混交方式因树种而异。树冠庞大的阳性速生树种与杉木混交时,所占比例要小,以能起到种间效益为宜,可采用网格状或梅花状混交;生长速度中等的树种与杉木混交时,比例可适当大一些,混交方法以梅花状或行带状为好。

杉木与主要阔叶树种的混交比例参见表4。

表4 杉木与主要阔叶树种的混交比例

混交树种	混交比例
杉木:柳杉	1:(0.5~2)
杉木:南酸枣	(3~7):1
杉木:光皮桦	3:(1~3)
杉木:桤木	(3~7):1
杉木:拟赤杨	(3~7):1
杉木:毛红椿	(3~7):1
杉木:枫香	1:(0.5~2)
杉木:马褂木	7:1
杉木:丝栗栲	(3~7):1
杉木:乳源木莲	3:1
杉木:木荷	(3~7):1

混交时间要因地制宜。根据经营目的,可以同时栽植,也可提前或延迟1~2年栽植混交树种。对混交的阔叶树,尤其是常绿阔叶树,要进行幼年下层整枝(树高的1/4左右)。该措施不仅可以显著增加林木生长量,而且还能培育出树形通直圆满、少节疤的优质良材。

(2)现有林改造模式。现有林改造模式是在现有传统经营的林分中选择立地较优、生长较好的林分,选择立地指数在16级以上的杉木中的幼林,通过间伐、施肥等抚育措施改造而成的经营模式。现有林改造模式的人工林分种源应是优良种源或优良无性系，间伐强度根据初植密度、立地条件、林龄而不同。

（3）栽培技术。穴垦或带状整地挖穴时，穴径为40厘米×40厘米×40厘米。带状整地时，应严格沿等高线进行，而且应里切外垫，呈反坡梯田状，以利于水土保持，带的宽度为70~80厘米。栽植时，将表土、心土分开堆放，穴底要平，保持苗木端正，苗木入土1/3~1/2，苗梢面向下坡，根系要舒展，土要细致，先覆表土，后覆心土。覆土时将苗轻轻上提，以免窝根，适度层层压实。栽植时间为12月至次年2月，最迟应在3月底前结束。栽植时土壤水分要适中，所以宜选择在阴天、小雨天和雨后晴天进行。

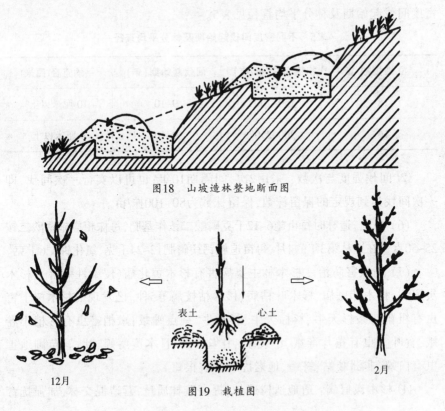

图18　山坡造林整地断面图

图19　栽植图

(4) 幼林抚育。杉木幼林由于个体较小、林分郁闭度小、竞争能力弱,且目前一般采用局部整地的造林方式,林内杂草、灌木较多且生长快,从而影响杉木幼树的生长。因此,必须加强幼林抚育,及时清除杂灌和草本植物。幼林抚育的次数与年限一般为第1~2年每年2次,第3~4年每年1~2次。抚育的范围视整地方式而定,局部整地则采用局部抚育。对一些无碍幼林生长的杂草、灌木可以保留,因其覆盖地面,有利于地力维护。抚育时间第1次应在春夏之交、旱季来临之前;第2次应在第2个生长高峰之前,即8月中旬前后。

(5) 间伐。

① 间伐起始期:自然整枝高度达1/3或郁闭度达到0.8以上。不同造林密度间伐起始期及林分平均直径见表5。

表5　不同密度间伐起始期及林分平均直径

立地指数	初植密度(株/亩)	间伐起始期(年)	平均直径(厘米)
18	150~200	9~10	10厘米以上
16	200~250	9~10	9厘米以上

② 间伐强度与次数:采用2次,间隔期10年;也可以实行一次间伐,即一次间伐达到规定的保留株数,保留株数为80~100株/亩。

(6) 施肥。造林时每亩施6~12千克磷酸二铵作基肥,每株相应施磷酸二铵25~50克。在造林第3年的4月,每亩追施钙镁磷肥12~24千克、氯化钾肥6千克。

(7) 病虫害防治。杉木林主要病害有杉木黄化病(侵染性病害)、杉木炭疽病、杉木叶斑病、杉木叶枯病、杉木枯枝病等5种。已发现的杉木树干害虫有粗鞘双条杉天牛、杉棕天牛、杉天牛、一点蝙蛾;嫩梢害虫有杉梢小卷蛾;食叶害虫有雀莉毒蛾、小袋蛾、中华象虫、日本黄脊蝗、叶螨;苗圃地害虫有白蚁、非洲蝼蛄、蛴螬、地老虎、种蝇(根蛆)。

① 杉木炭疽病:适地适树造林,提高造林质量,营造混交林,加强抚育

管理,提高其抗病能力。结合深翻、施肥抚育、砍除病株、清理病原。必要时于5~6月或9~10月喷1%波尔多液或50%多菌灵可湿性粉剂500倍液3~4次。

② 杉木叶枯病:造林前要提高整地质量,造林后前3年加强抚育管理。促使幼林生长旺盛,增强抗病能力。严格控制造林密度,初植密度较大的林分,当林木郁闭时要及时间伐,并清除林内有病枯枝叶,以推迟杉木衰老、减少病菌蔓延。

③ 杉棕天牛:及时砍伐虫害木或虫害枝。若在4~7月伐木应进行剥皮处理,8月后伐木、伐枝必须及时将其烧毁,消灭虫源,减低自然界的虫口密度。在3~5月成虫交尾产卵期间,可人工捕杀之。

④ 杉梢小卷蛾:营造针阔混交林可减轻危害。在第2代卵期,每公顷释放赤眼蜂105万头。用灯光诱杀成虫。在幼虫期喷80%敌敌畏800倍液或50%辛硫磷乳油2000倍液。

⑤ 蛴螬:在冬季深耕、深翻可以提高蛴螬过冬死亡率,耕翻时随犁捉虫。适时早播,提早苗木木质化,减轻危害。用75%辛硫磷乳油1000倍液灌根,效果良好。

⑥ 地老虎:播种前精耕细耙,适当提早播种,出苗后及时除草。利用黑光灯、糖醋酒液、杨树枝诱蛾,效果均好。晚上或清晨在圃地,见断苗捉虫。喷50%辛硫磷乳油1000倍液,或做毒饵诱杀。

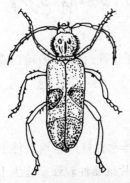

图20 粗鞘双条杉天牛

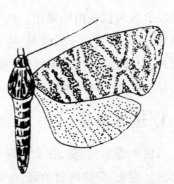

图21 杉梢小卷蛾

图22 小袋蛾

图23 白蚁

4. 采伐更新

(1) 采用皆伐人工更新。

(2) 轮伐期。轮伐期一般为25~30年。

(二) 马褂木

马褂木又名鹅掌楸、鸭掌树,木兰科落叶乔木。其适应性较强,寿命长,生长快,抗病虫能力强。树干圆满通直,边材黄白或浅红褐色,心材灰黄褐色或微带绿色。木材有光泽,无特殊气味和滋味。纹理交错,结构细致,均匀,质软,不耐损磨。原木旋切单板制成的胶合板可供室内装修用,或做家具、客车车厢板等;板材适于做家具、室内装修(地板除外)、包装箱、镜框、相架等。马褂木是我国中亚热带、北亚热带地区需要大力推广的速生阔叶用材树种。

图24 马褂木

1. 适宜条件

马褂木喜肥,喜湿,在土层深厚、肥沃、湿润、排水良好的立地条件上生长迅速。喜光,但幼树耐荫蔽,耐低温,耐干旱,叶片抗热性较强。适生土壤为黄壤和黄棕壤,pH为4.5~5.5。

2. 苗木培育

(1) 采种。选择生长健壮、15~30年生林木为采种母树,在9月下旬至10月下旬果熟未脱落时采摘,果枝剪下后放在室内摊开阴干,经7~10天后再放在日光下摊晒2~3天,搓散即为带翅种子,拣除果序,精选饱满的种子装入布袋干藏或湿藏。用干藏法贮藏的种子,在播种前1个月需用湿沙层积催芽,如直接播种往往发芽率低,并有隔年发芽现象。进行层积沙藏时,可在贮藏室内用湿沙与种子充分混合堆积或将其装入大容器内,沙的湿度以抓紧成团、放开松散为度,堆积高度不超过0.7米,最后在表面再覆盖一层沙即可。此法贮存的种子发芽率高、出苗整齐。种子千粒重为83~111克。

图25 采种流程图

(2) 种子育苗。选择土壤疏松、肥沃、排水良好的水稻田作育苗地,经过深耕细耙、施基肥(磷肥加有机肥)、土壤消毒后做成高床,开好排水沟。

采用条播,行距为20~25厘米,深度约2厘米。沙藏种子于惊蛰前后播种较好,播种量为每亩20~40千克。播种后覆黄心土,既薄又匀,盖上种子即成。覆土忌厚,上再覆盖稻草。等大部分苗木出土后,于阴天或傍晚揭去盖草;也可催芽移栽,做床后再搭建塑料薄膜拱棚。于立春至雨水期间播种,播种量为每亩50~100千克,保持棚内通风、湿润。当苗高达到5~6厘米、出现真叶后即可按一定株行距移至大田培育。

在4~6月雨季,通过间苗调整苗木密度,适当补苗,定苗密度为20~25株/平方米,每公顷产苗量为15万~22.5万株。

(3) 扦插育苗。

① 硬枝扦插:枝条萌动前,剪取1年生粗壮枝,穗长为8~12厘米,上剪口平,离最顶端的一个芽0.2~0.3厘米,基部靠节下双面反切。剪好的插穗立即浸入100毫升/升ABT液中,24小时后取出扦插。插床土选用黄心土,厚为15厘米,周围围膜防风,上搭"人"字形遮阳棚。于插前1天喷洒1:200波尔多液消毒床土。扦插前先用比插穗稍大的木棒在床上打孔,插穗插入后挤压床土,确保插穗与床土紧密接触。插穗密度为15厘米×20厘米,插床湿度控制在60%左右,空气湿度控制在85%以上。

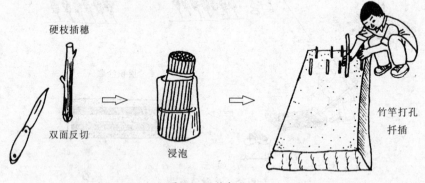

图26 硬枝扦插

② 嫩枝扦插:可采用全光雾扦插。扦插床为2.6米宽的长方形,高度为40厘米,底层垫10厘米高的石块层,中层铺10厘米高的粗沙或炉渣,上层铺

20厘米厚的扦插基质。基质用灭菌性好、疏松透气的蛭石,或采用河沙等其他基质。在5~6月剪取当年生嫩枝与半木质化嫩枝扦插,在扦插时每一个插穗宜带1~3片全叶或2~3片半叶,以维持其光合作用的正常进行及产生内源激素。插穗采用硬枝扦插。扦插后80~90天开始生根,成活率为60%~70%。当年生苗高40~50厘米。

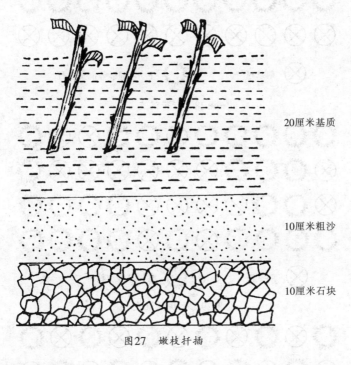

图27　嫩枝扦插

3. 营造技术

(1)造林模式。鹅掌楸生态适应性强,生长潜力大,既可营造混交林,又可营造纯林。鹅掌楸可与檫树、杉木、桤木、拟赤杨、柳杉、木荷、火力楠等树种混交。混交方法采取行带混交、大块状混交或星状混交。如枫香与鹅掌楸混交,种间关系协调,是一种成功的混交模式。因为枫香为阳性、喜光、落叶、深根性树种,而鹅掌楸为中性、偏阳、浅根性树种,枫香与鹅掌楸混交后,树种间相互竞争,有利于各树种生长。

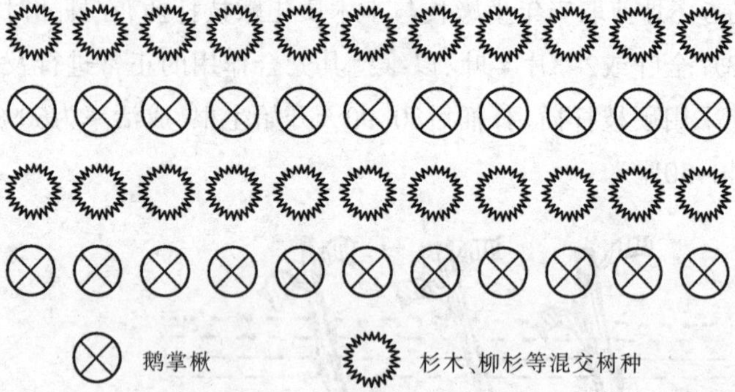

⊗ 鹅掌楸　　　杉木、柳杉等混交树种

图28　行带混交

⊗ 鹅掌楸　　　檫树等混交树种

图29　大块状混交

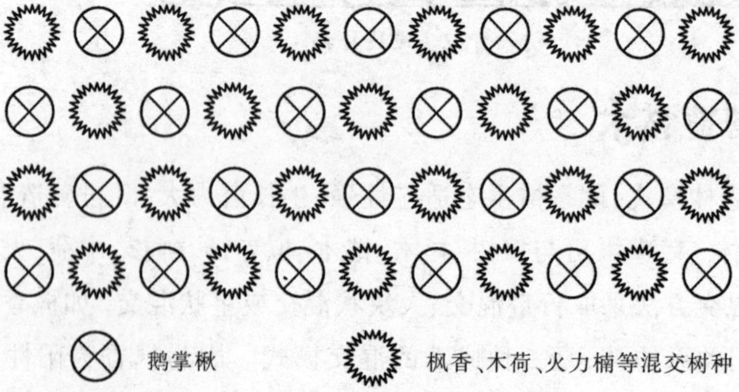

⊗ 鹅掌楸　　　枫香、木荷、火力楠等混交树种

图30　星状混交

（2）造林密度。选好造林地后，秋季劈草炼山或将草平铺在林地，入冬前完成整地。种植穴规格为60厘米×50厘米×40厘米，或60厘米×40厘米×40厘米。造林密度不宜太大，Ⅰ、Ⅱ级立地以100~110株/亩为宜，Ⅲ级立地以110~120株/公顷为宜。

（3）整地、栽植。选用1年生、高60厘米、地径0.8厘米以上的苗。有病虫、无顶梢、弯曲、无明显主干的苗概不上山。栽植时要根舒，覆土要细致，压实土壤，严禁大土块和石块压在根部。造林时间为1~2月份。

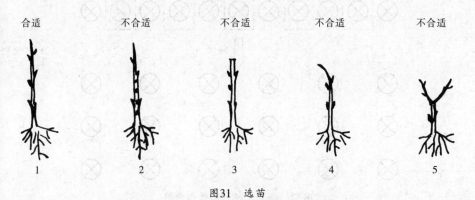

图31　选苗

1. 1年生苗，苗高60厘米，地径0.8厘米以上　2. 有病虫
3. 无顶梢　4. 弯曲　5. 无明显主干

4. 林分管抚

在造林后第1年的3~4月进行扩穴培土，第2~3年的5~6月与8~9月全面锄草松土。在每年冬季休眠期可适当修枝，整枝高度为树高的1/3。鹅掌楸幼林生长迅速，在正常抚育管理下2~3年可郁闭成林。

（1）抚育间伐。间伐的开始期要视立地条件和初植密度而定，Ⅰ、Ⅱ级立地初植密度为125株/亩，第1次间伐宜在第7~8年，第2次间伐在第12~14年。

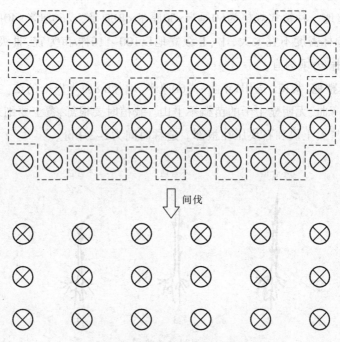

图32 培育大径材间伐示意图

(2) 病虫害防治。在鹅掌楸人工林中,目前尚未发现大面积病虫危害。其主要病虫害有日灼病与大袋蛾。

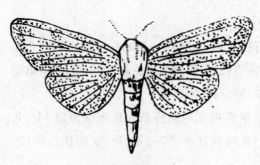

图33 大袋蛾

日灼病受害部位的树皮开裂,植于阳坡的树及树干向阳面发生较严重。因此,选择东北坡造林或与其他常绿树种混交可以预防这种病害。

大袋蛾一年发生1代,一般以7~9月危害最严重。

防治方法:

① 人工摘除虫袋。

② 药剂防治：在幼虫卵孵化盛期喷洒80%敌敌畏乳剂1000倍液或40%乐果乳剂800倍液。

③ 消灭苗木上的虫袋，防止害虫被带入栽培区。

人工摘除虫袋

在幼虫卵孵化期喷洒药剂

图34　大袋蛾防治方法

5. 采伐

定向培育旋切大径材的林分，其主伐年龄一般在20年以上，具体年龄应根据市场、经济状况而定，中间可进行间伐利用2~3次。

（三）枫香

枫香别名枫树(皖南、江浙地区)、边柴(福建省)、大叶枫(湖南省)、路路通(南京市)，为金缕梅科、枫香属植物。枫香为高大落叶乔木，高达30米以上，胸径1~1.5米，材质中等，用途广泛。其木材色浅，纹理细致，易加工，旋刨性能良好，无不良气味，是制作食品箱、家具、乐器，以及车辆、室内装修的优质材料。

图35　枫香

1. 适宜条件

枫香喜阳光、耐干旱、瘠薄、适应性强，也能耐阴、抗风、抗寒，喜生于肥沃、湿润的中性及酸性土壤中。其萌芽力强，天然更新良好，在浙江全省均可生长。

2. 苗木培育

（1）采种。选15~40年生的健壮母树，当球果变棕黄色时开始采收，堆放3~4天后将球果曝晒，并经常翻动。待蒴果开裂后敲出种子，清除杂质，晾晒筛选，藏于通风干燥处。枫香种子细小，出籽率约为1%，种子千粒重在4.3~6.2克，即16万~24万粒/千克左右。

（2）育苗。苗圃地应选在土质疏松的轻壤土上。冬季深翻圃地土壤，播种前深耕细作，施足基肥，做成宽1米左右的苗床。一般于3月播种，条播或撒播，条播行距25厘米，播幅宽12厘米，播种量为每亩1~1.5千克，撒播每亩播种量为4千克。播后撒细土均匀覆盖，以不露种子为宜。覆土后要及时盖草，以保持苗床湿润，有利于种子发芽出土。播后约20天左右开始出芽，40天左右出齐。当70%左右的幼苗出土时，应分期分批在傍晚或阴天揭除覆盖物。

幼苗出土后约半个月便开始展叶、伸出侧根，进入营养生长期。幼苗前期生长缓慢，至5月底时，苗高可长至5~15厘米，约占全年高生长量的10%，

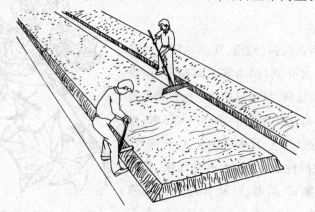

图36 深耕细作

在此期间应做好除草、间苗、补稀或移栽管理,苗木密度以保持在50~60株/平方米为宜,使苗木分布均匀、生长整齐。移栽后施薄粪水定根,同时注意做好遮阳、除草、施肥、排涝、预防病害等工作。6~8月,幼苗生长明显加快,进入生长高峰期,高生长量占全年的80%以上,径生长量占全年的60%,此期应结合松土除草,每隔半个月追施化肥1次,前期以氮肥为主,后期以磷、钾肥为主,每次每亩施用3~5千克,施后用清水淋苗1次。9月初苗木进入生长后期,一般在9月下旬苗木停止高生长,气候适宜时可延长到10月上旬,而径生长可延至10月中旬,高、径生长分别占全年的10%和20%左右,在此期间应停止肥水管理,让苗木充分木质化,安全越冬。11月叶片开始变色,12月叶片脱落。

一般1年生苗高50~100厘米,地径为0.6~1.0厘米,产苗量为3万~4万株/亩。

3. 营造技术

(1)立地选择。枫香为深根性树种,适应性强,喜光、抗风、稍耐干旱和水湿,宜选择土层深厚、水肥条件较好的向阳低山、缓坡地或丘陵作造林地。土层厚度宜在40厘米以上,腐殖质层厚度在5厘米以上,石砾含量较低,土壤以微酸性土或中性土最为适宜。

(2)栽培模式。枫香人工林根据培育目的的不同,可采用营造枫香纯林或与其他树种混交的形成混交林。常用模式有枫香纯林、国外松或马尾松与枫香混交林、杉木枫香混交林、枫香与其他阔叶树种组成的混交林(见表6)。

表6 枫香栽培模式

栽培模式	混交树种	混交比例	初植密度(米)
枫香纯林	—		2×2
松枫混交林	湿地松、火炬松、马尾松	3:1	2×2
杉枫混交林	杉木	(1~2):(3~4)	2×2

① 枫香纯林：枫香纯林适用于营造菇木林、纤维原料林等各种工业原料林，同时也是杉木、马尾松（含国外松）等采伐迹地的重要更新树种。纯林初植密度可采用2米×2米。

② 松枫混交林：松枫混交林包括枫香与湿地松、枫香与火炬松、枫香与马尾松组成的混交林，可以充分发挥松枫混交林的种间互利关系，促进混交林形成稳定的群落结构，有利于优质林木速生、丰产。混交林比枫香、松纯林的生产力高30%以上。

松枫混交林的初植密度为2米×2米，采用行带状或星状配置，其中枫香占25%、松占75%。

③ 杉枫混交林：枫香为深根性落叶树种，而杉木为浅根性常绿树种，杉枫混交具有很强的互补性，可充分利用光照、土壤等时空条件，从而大大提高林地生产力。杉枫混交林与枫香、杉木纯林相比，林分生产力可分别提高10%和30%以上。

杉枫混交林的初植密度以2米×2米为宜，以纤维材为培育目标时，可适当提高造林密度。采用带状或星状配置，枫香占20%~40%、杉木占60%~80%。

（3）栽植技术。采用块状整地，植苗造林的定植穴规格为40厘米×40厘米×30厘米，每穴栽苗1株，做到苗正、根舒、覆土踏实。直播造林于春季进行，每穴播放种子10粒，覆土1厘米厚，上盖碎草，出苗后结合除草松土，每穴选留粗壮苗木1株。植苗造林自冬季苗木落叶后至早春萌芽前均可进行。

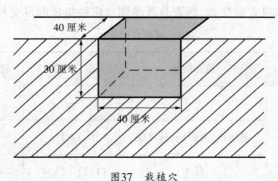

图37　栽植穴

4. 林分管抚

(1) 幼林抚育。造林后头3年内幼林生长较慢,应及时松土除草,并在穴内铺草埋青、抹去基部萌芽,使主干通直生长。一般采用穴状抚育,每年抚育1~2次,松土深度为5~20厘米,并逐年扩大抚育范围,最终达到全面抚育。

如果是在条件较好的立地造林,可实行林农间作,间作植物以豆科作物为主,通过以耕代抚、以短养长,既可增加间作收入,又可通过秸秆还山,改善林地土壤条件,促进幼林生长。

初植密度为2米×2米的枫香人工林,约在造林后8~10年林分郁闭,此期间应对枫香进行适度修枝,主要是疏除分枝角特别大的水平枝,以缓解个体间(纯林)或种间(混交林)矛盾。

(2) 间伐抚育。当林分郁闭度达到0.9以上时,需及时间伐,并通过逐步间伐,促进保留木的正常生长。第1次间伐一般在造林后的第12~14年,间伐强度为40%,以下层疏伐为主;第18~20年时进行第2次间伐,间伐强度在25%左右。间伐时,要做到去劣留优、去密留稀,保证保留林分的均一性。

(3) 病虫害防治。苗木茎腐病一般在雨季后发生,因夏季土温升高,使苗木基部灼伤,或因圃地低洼积水,苗木生长不良,导致病菌侵入而发病。防治上要加强圃地管理,及时排灌水和去除病苗。枫蚕、栎黄枯叶蛾、金龟

成虫

幼虫

图38 金龟子

子等害虫会取食枫叶,可于6~7月人工摘除茧蛹,幼虫群集时可采用乐果等药剂喷杀,成虫可采用捕捉和灯光诱杀。

图39 幼虫群集时用药剂喷杀

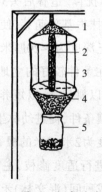

图40 灯光诱杀

1.灯罩 2.灯管 3.玻璃 4.漏斗 5.毒瓶

5. 采伐

主伐年龄因培育目的不同而不同,培育大径级用材时通常要在40年左右。

(四)杨树

杨树属杨柳科、杨属,落叶大乔木。适宜在浙江省栽培的主要是黑杨派南方型无性系。一般成材期在10年左右,生长量大,周期短,并且材质好,易加工,市场前景十分乐观。杨树木材具有重量轻、强度高、弹性好、纤维长、易加工等特点,可广泛应用于单板层积材、华夫刨花板和定向刨花板、胶合木、平行定向成材(PSL)、工字复合梁

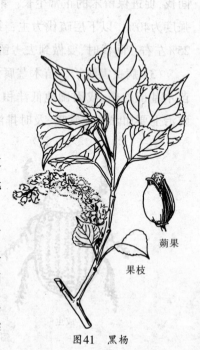

蒴果

果枝

图41 黑杨

和复合板。杨树木材单板旋切、干燥容易,胶合性能好,对胶合剂和加工无特殊要求,是制板的上好原料。

1. 适宜条件

适宜在浙江省种植的黑杨派南方型无性系属于强喜光性,宜在光照充足、水分丰富、土壤通气性较好的冲积滩地、围垦海涂、平原水网地带栽植,不适宜在山地栽植。

2. 苗木培育

(1) 良种选用。杨树良种选择的原则是品种抗性强、材性好、生长量高、适宜性强。对于在浙江省地域栽培的品种,还必须具备较强的耐水性、耐盐性、抗风性和抗病虫能力。经浙江省林木品种审定委员会审定,可以在浙江省发展的杨树优良无性系有:35/66杨、102/74杨、S371杨、T120杨、南林95杨、南林895杨、黑杨1388号、黑杨367号、黑杨366号、黑杨121号、黑杨106号等。未在本地区试验成功的无性系,不应进行大规模生产性繁殖。

(2) 壮苗培育。

① 苗圃地准备:苗圃地宜选择交通方便、地势平坦、背风向阳和排水良好的地段。土壤以质地疏松,透水、通气性能好,肥力好的沙壤土或轻、中

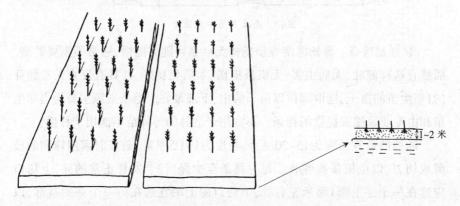

图42 地下水位剖面图示

壤土最为适宜。土壤pH在7~8之间。如在海涂育苗,则土壤易溶盐含量应低于0.3%。杨树苗木生长季节地下水位不宜过高,应在1~2米为宜。切忌设置在积水洼地、低湿地、过水地和风口地段。由于杨树生长快,肥力消耗大,因此不宜在同一地块进行连续多年育苗,应采用轮作育苗,一般每隔2~3年休整1年。

采用高床育苗,苗床一般宽1.0~1.2米,两床间走道宽30厘米,床面高于路面15~20厘米。结合作床进行土壤消毒和施底肥,每亩施用硫酸亚铁2~5千克。基肥可采用腐熟粉碎的有机肥,用量视土壤肥力状况而定,通常每亩为3000~5000千克,在比较贫瘠的沙壤土上每亩应施用5000千克以上,也可施用复合肥50千克。在翻耕前,先将基肥均匀地撒在地表,翻耕后作床。

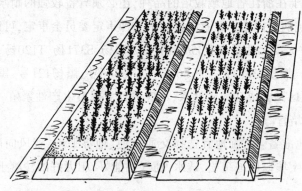

图43 高床育苗示意图

② 插穗准备:黑杨派南方型杨树无性系可随采随插,通常不需要贮藏。插穗宜选择健壮、无病虫害、无机械损伤、木质化良好,并具有发育正常侧芽的1年生苗的苗干,选取部位以苗干的中、下部最好。穗条来源主要为当年生苗和由专业采穗圃提供的穗条。不宜用于造林的等外苗不能用于扦插。

插穗的适宜长度为15~20厘米,粗度为1~1.5厘米。截条时需用锋利的枝剪或切刀,以免穗条被劈裂。每一穗条至少保留2个发育正常的芽,上切口应选在一个芽上部1厘米左右处,下切口的上端宜选在另一个芽的基部,以利于生根。

③扦插：采用直插法，即将穗条垂直插入土中。首先，扦插时将穗条按粗细进行分级，以免分化；其次，要分清楚穗条的上、下头，不要颠倒；最后，将穗条垂直插入土中，露出地面2~3厘米（至少1个芽）。扦插时间以2月中旬至3月上旬较为适宜，株行距为40厘米×50厘米或30厘米×40厘米，即扦插密度为3000~5000株/亩。

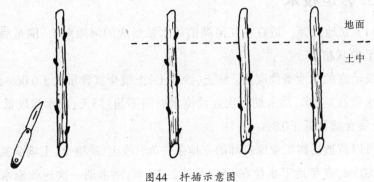

图44 扦插示意图

（3）圃地管理：杨树扦插苗的抚育管理主要包括抹芽定株，松土除草，施肥，抹芽与修枝，病虫害防治等措施。

①抹芽定株：杨树扦插后常常会抽出2个甚至多个新芽，此时应及时进行抹芽。抹芽方法为先抹去从地下抽出的新芽，待新芽长至10~20厘米时，再从多个嫩枝中保留1个生长最好的枝条，从基部细心剪去多余枝条。

②松土除草：及时松土除草可减少杂草与苗木争夺养分和水分，第1次除草应在杂草刚刚萌动出土后进行，通常在3月下旬至4月上旬。除草时既可用人工除草，也可采用除草醚、抑草灵、氟乐灵等除草剂进行除草，但切忌用草甘膦除草。

③施肥：培育杨树苗木需要消耗大量的肥力，除进行轮作育苗外，还要在苗木生长速生期前及时追肥，以满足苗木生长所需的营养。追肥种类根据各圃地条件而定，沙壤土一般以施氮肥为主，每年追肥2次，每亩每次施用尿素5~15千克。施肥时间不应迟于苗木速生期中期，如果太迟，会影响苗木木质化程度，降低苗木质量。适宜施肥时间为5月中旬至8月上旬，两次

施肥时间的间隔不应少于15天。

④ 病虫害防治：危害杨树苗木的主要害虫有食叶害虫金龟子和刺蛾，一旦发现，应立即进行防治。虫害易发期为7~8月，可采用40%氧化乐果乳液或甲胺磷喷杀。

3. 营造技术

（1）立地选择。适宜在江河湖泊等水系形成的河滩潮土、围垦海涂和水网平原栽植。

最适宜的立地条件应为：沙土、沙壤土，土壤全氮含量大于0.06%，常年地下水位在1~2米，洪水期一次连续淹水时间不超过3天，淹水深度低于0.5米，土壤含盐量低于0.3%。

可以营造杨树工业原料林的立地条件为：沙土、沙壤土，土壤全氮含量大于0.03%，常年地下水位在0.5~1米或2~3.5米，洪水期一次连续淹水时间不超过7天，淹水深度低于2米，土壤含盐量低于0.45%。要进行品种耐盐碱等适应性试验。地下水位较高的立地要注意开沟排水。地下水位较低时，若苗期连续干旱，要进行灌溉，在速生期要增加施肥量。

（2）造林地准备。

① 规划设计：采用小片经营、多品系造林，即将造林地划分为若干个小区，每个小区面积控制在50~200亩左右，在同一小区内采用同一无性系，每个小区采用不同无性系，通过3个以上无性系交替配置。

② 林地清理与整地：生荒地应进行除灌、除草；造林地系其他树种的采伐迹地，如果是枫杨、桤木等萌芽能力强的树种，应挖去树桩；杨树重茬造林，则最好在造林前种1年绿肥或农作物。

平坦的江河冲积滩地、围垦海涂地一般不需深翻和平整土地，可直接挖大穴造林。对于容易积水的洼积地，如水稻土等，应通过开深沟的措施进行排水，沟间距离以30米左右为宜，沟深大于40厘米。

③ 造林密度：采用大株行距定植，常见造林密度有3米×4米、4米×5米

或4米×6米等,即每亩28~56株。立地条件好的宜稀植,条件差的则宜密植。

④ 造林方式:杨树工业原料林的主要造林方式有植苗造林、平茬造林、直接扦插造林等,其中以植苗造林应用最多。

植苗造林是指利用培育的苗木进行造林。直接扦插造林是指利用穗条直接扦插造林,所选用的穗条以长20厘米、粗0.8厘米为宜。平茬造林是指利用原杨树林的伐桩,通过对萌芽条的精心培育而进行的一种造林方式。直接扦插造林只适用于地势平整且无洪水等自然灾害的立地,造林前需进行全面除灌、松土、整地。

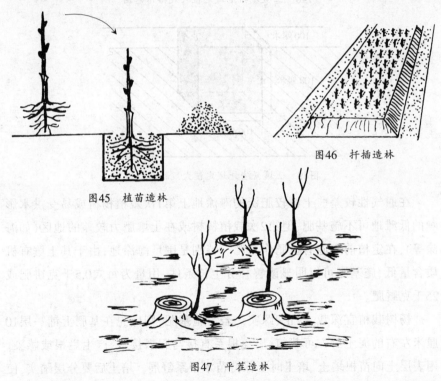

图45　植苗造林

图46　扦插造林

图47　平茬造林

⑤ 定植:在江河沿岸的冲积洲、滩地以及土壤疏松的地域,可采用的定植穴规格为60厘米×60厘米×80厘米。在土壤结构紧密的地区,宜采用100厘米×100厘米×100厘米的定植穴规格。需要特别注意的是一定要保证定植

穴的深度,以防止苗木被风吹倒或被洪水冲倒。

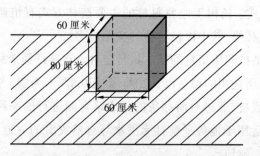

图48　土壤疏松地域定植穴规格示意图

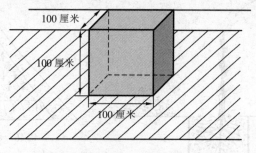

图49　土壤紧密地域定植穴规格示意图

在通气性较差、土壤较肥沃的滩涂地上第1次栽植杨树或易受洪水影响的低滩地可不施基肥,但第2次栽植杨树或在土壤肥力较差的地区(如海涂等),在定植前应施有机肥作基肥。特别是围垦海涂地,由于其土壤有机质含量低,施基肥可以明显改善林分生长条件,用量为每穴0.5千克饼肥或25千克厩肥。

杨树栽植宜深栽、扶正、踩实。若需施基肥,则应先在基肥上铺一层10厘米左右的泥土后方可栽植,以免根系直接与肥料接触,产生烂根或感染。用表层土向苗根培土,培土时要保持苗木根系舒展。培土后要分层踏实,使苗根与土壤密切接触,不留空隙。栽植时要做到苗木栽植后横竖成行,保证每株都有相同的生长环境。

⑥ 冬季造林:一般以11月底至次年2月为佳。在此期间造林后,地上部分

虽未萌发新叶,但地下根系却能生长,一个冬季可长新根5厘米左右,从而提高造林成活率。同时,冬季造林还可利用农闲季节闲散劳力,提高劳动效率。

4. 林分管抚

(1) 修枝。修枝的主要目的是为了获得具有一定高度的通直树干(为满足4个2米段的旋切材需要,国外一般定为8米),同时保证树木主干的饱满,减少其大径材部分的尖削度,提高优质材的出材率。对以培育胶合板材为目的时,修枝还是获得无节材的关键措施之一。修枝抚育包括整形修枝、整枝、清干等。

① 整形修枝:整形修枝在栽植当年开始。由于在起苗、运苗、分苗和栽植过程中,可能会产生部分苗木顶芽被损坏或顶梢被折断的情况,整形修枝的目的就是重新培植一个主梢,去除其他侧芽,以保证树木有一个通直的树干。

首先,在苗木栽植后,若发现有断梢或缺顶芽的植株时,应及时把苗木顶部回剪至下面第1个完整壮苗芽上端1厘米处,辅助这个侧芽发育成主梢。

其次,在新芽长至20厘米以上后(浙江省约在5月),结合成活率调查,若有枯梢苗木,应选留苗木上部生长势最好且与主干夹角最小的1个侧枝,将其以上枯死部分和不宜留作主干的其他侧枝和侧芽全部剪去或抹掉。

再次,在第1个生长季末,结合保存率调查,进行第3次整形修剪。其主要目的是去除竞争枝,即去除那些影响主梢生长的侧枝,以避免形成多头植株。

最后,在每个生长季末均应进行一次整形检查,及时剪去树冠中下部的力枝(即突出、粗大的侧枝,俗称"霸王枝"或"卡脖枝"),以避免减弱主干生长。同时,也要注意有无竞争枝重新出现,如有,应立即将其剪去。

② 整枝:由于在旋切单板的时候,圆木两端必须用三齿卡子卡紧,因此一段圆木在旋切后必然会保留一定粗度的心材。按目前的工艺条件,心材直径在8~10厘米左右,因此如果能把整枝后节痕长度控制在8厘米以内,就不会影响旋切单板的质量。

常见的整枝方法有常规整枝、等高整枝和等径整枝。整枝方法因培育目的不同而不同。

常规整枝以促进林木生长为目的,即以去除营养消耗枝为目的。

等高、等径整枝是以提高木材质量为目的的经营措施,即当林分生长到一定高度或径级后,按工艺要求高度进行规则整枝。等径整枝的起始年龄为第一轮侧生枝着生的树干长至旋切机不能再加工时的粗度。等高整枝则按每个工艺要求高度进行整枝后不影响林木生长为标准。

如果林分的经营目的是培育锯材(如用于包装箱等),采用简单的常规整枝方法即可,即按树冠高度与树干高度的比例来确定整枝程度。常规整枝原则是:幼龄期(栽植后的头4年)应保证林木有较大的树冠,树冠高度与树干高度比大致保持在2:1(即树冠高度占整个树高的2/3);中龄期(5~8年)两者比例为1:1;伐前期(8年后)两者比例保持在1:2。

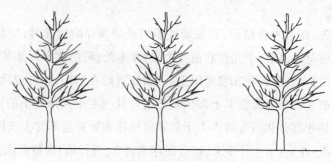

图50　幼龄期(冠高:干高=2:1)

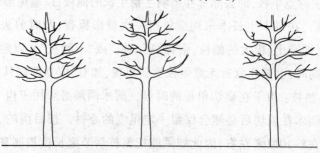

图51　中龄期(冠高:干高=1:1)

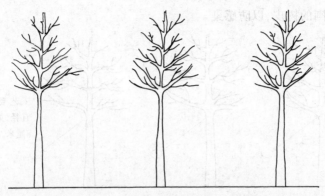

图52 伐前期(冠高:干高=1:2)

以培育优质无节材为目的时,可采用等高整枝或等径整枝。具体措施为:

等高整枝以获取一定长度的规格材为依据,如单板用旋切材的普遍长度为2米时,每次整枝高度为2米,即第1次整枝时,修去树干高度4米内的全部侧枝,第2次整枝时修去树干高度为6米内的所有侧枝。

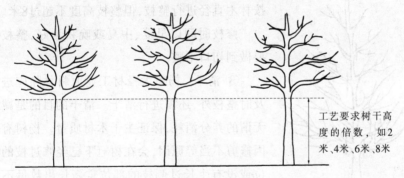

工艺要求树干高度的倍数,如2米、4米、6米、8米

图53 等高整枝示意图

等径整枝按旋切材心材8厘米的标准进行整枝,即当树冠最下一轮侧枝着生处的树干直径达到8~10厘米时,即修去该轮侧枝。在修去该轮侧枝的同时,还应修去这一轮侧枝与上一轮侧枝之间的零星小侧枝。修剪时须将侧枝从基部剪去,如遇侧枝较粗,可用手锯锯掉。在修剪时应注意不可伤

及侧枝周围的树皮,以防感染。

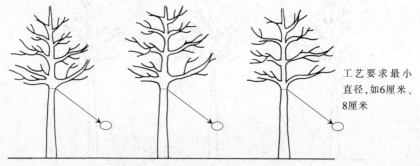

图54 等径整枝示意图

根据浙江省杨树的生长特点,在进行常规整枝时,可采用第1年不整枝,第2、3年每次整枝高度为树高的1/3,第4年开始整枝高度为树高的1/2。在进行等高整枝时,以2米段规格材为标准,第2年的整枝高度为4米,第3年为6米,以此类推。在进行等径整枝时,第1年不整枝,第2年开始按旋切材心材8厘米的标准进行整枝,即在第2、3年整枝时,按林木直径进行整枝,但整枝高度不超过8米。

修枝时间以早夏、中夏或晚秋为好,整枝时要做到切口平整。

③清干:杨树大径材工业原料林除应进行及时整枝外,还需进行清干。清干的目的是减少无谓的养分消耗,保证主干木材质量。杨树有时因修剪不当等原因,会在树冠下已经修过枝的部位或没有生长过侧枝的部位重新长出数量不等的萌条。当这些萌条出现后,应及时(最好在雨季以后)除去,以免消耗养料和在干材上形成新的节痕,影响木材质量。

据试验显示,及时、合理地采取修枝措施可在不影响或极小影响杨树生长的情况下,提高杨

图55 清干

树木材的无节程度。采用等高整枝和等径整枝技术可比常规整枝增产30%的无节痕杨树木材。

(2) 松土除草。前3年,松土除草措施是关键。一般每年需进行松土除草2~3次,第1次抚育时间在每年4~5月,第2次宜在7月,第3次以9月为宜。在江河滩地可只进行除草,不需要松土;在围垦海涂或平原地带,在除草的同时需进行松土。除草既可采用人工除草,也可采用除草剂除草。

(3) 追肥。以施氮肥和磷肥为主,每年每株施氮肥和磷肥各200克,其中河滩地可适当增加磷肥比例,围垦海涂则应提高氮肥比重。施追肥的时间以林木进入速生期前(4月下旬至5月)最为适宜。

追肥的方法为:在栽植后的2~3年,由于幼树根系并不十分发达,所以以采用沟施为宜,即在幼树四周(半径50厘米处)开一条深10~15厘米的浅沟,然后将肥料均匀地撒入沟内,再覆土、平沟。从第4年开始,可在树木两侧1米处开2条平行的浅沟,然后将肥料施入沟内,覆土、平沟即可。

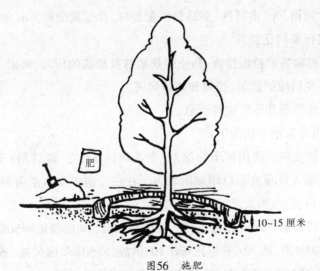

图56 施肥

(4) 林农间作。在幼林期通过林农间作,既可实现以短养长,又可提高土地利用率。适宜间作的农作物品种主要为非藤本矮干植物,如春季间作蔬菜、花生等,夏季间作黄豆、绿豆、芝麻等,秋冬间作油菜、土豆、紫云绿肥等。间作过程中注意不要伤害林木。在农作物收获后,可将秆、禾、叶等埋入林木四周,以改良土壤,勿将其焚烧或带出林外。

(5) 间伐。杨树工业原料林培育一般不进行间伐作业,但考虑到我国江南地区土地资源十分紧缺,为提高单位土地的木材产量,特别是纤维材产量,也可通过增加造林初始密度、在适当的年龄进行间伐作业的方法,在提高产量的同时,加快投资回收。间伐后的林分保留密度与常规培育大径材的密度基本一致,为每亩28株左右,即株行距为4米×6米。

(6) 病虫害防治。浙江省杨树发生的常见病虫害有杨树烂皮病、杨树溃疡病、光肩星天牛、桑天牛、杨扇舟蛾等。杨树病虫害的发生与立地条件、栽培技术和管理有着密切的关系,在防治中应注意以下几个方面:

① 营林措施是防治病虫害的根本。应注意以下几点:a. 从种苗抓起,选用抗病良种,定向繁育,培育壮苗。b. 造林育苗要搞好规划设计,坚持适地适树,科学栽植。c. 多树种、多品种搭配造林,营造混交林。d. 加强栽后抚育管理,实行集约化经营。

② 加强对病害的检疫检查,防止带病植株及插条的传入、调出,及时清除病原木,减少病原的数量,控制和减轻病害。

③ 保护鸟类和其他生物性天敌。

具体病虫害防治方法如下:

① 杨树烂皮病:使用树干白涂剂(生石灰14.5千克+硫黄粉1千克+水40千克),并加入适量食盐以增加附着力。在白涂剂中加入杀菌剂或杀虫剂,则兼有防病、治虫的效果。

② 杨树溃疡病:以秋防为主,春、秋防治结合。40%福美砷50倍液,或50%退菌特100倍液,或70%甲基托布津100倍液,或50%多菌灵液,或50%代森铵200倍液,或3度石硫合剂,或10倍碱液等均有防治效果。

③ 灰斑病:6月末开始喷药防治,喷65%代森锌500倍液或1:1:(125~170)波尔多液,每15天喷一次,共3~4次。

④水泡型溃疡病：在苗期(7月底至9月上旬)，用200~300倍甲基托布津液、100倍代森锌液或退菌特液喷干1~2次。起苗时，用内吸杀菌剂，如甲基托布津液浸根。植后用白涂剂刷干保护伤口，预防灼伤。

⑤杨黑斑病：发病期喷65%的代森锌400~500倍液，或10%的二硝散200倍液，或1:1:(200~300)的波尔多液，或菲美铁100~250倍液及0.6%硫酸锌均有效果。当苗木生出1~2个真叶时开始喷药，以后每隔10天喷一次，至病害流行期结束为止共喷5~7次。

⑥杨叶枯病：在发病高峰前喷65%可湿性代森锌600倍液。

⑦黄刺蛾：在早春、晚秋结合剪枝，剪下越冬茧，杀死越冬幼虫。在幼虫发生期，喷洒50%杀螟松乳油1000倍液，或90%敌百虫800倍液。释放赤眼蜂防治刺蛾卵，每亩放蜂量为2万~3万头。

⑧杨枯叶蛾：采用人工捕杀幼虫的方法，于低龄幼虫期喷10000倍20%灭幼脲1号胶悬剂，或于较高龄幼虫期喷每毫升含孢子1.5亿~2.0亿的松毛虫杆菌。必要时可喷20%菊杀乳油2000倍液，或90%敌百虫晶体1000~1500倍液，或50%马拉硫磷乳油1000~1500倍液，或50%辛硫磷乳油1000~1500倍液等杀死幼虫。

⑨铜绿丽金龟：在成虫出现盛期，用40%乐果乳油800倍液，或50%辛硫磷乳油、50%杀螟松乳油、60%双硫磷乳油2000倍液，或10%广效敌杀死乳油2500倍液等喷洒叶面，杀死取食的成虫。设置黑光灯捕杀成虫。移栽小苗或扦插时，用25%对硫磷微胶囊剂(0.03~0.04浓度)蘸根，有良好的保苗作用。

⑩杨扇舟蛾：在1、2龄幼虫群集取食时，及时摘除虫苞，对减轻后期虫害作用很大。喷洒每毫升含1亿孢子的白僵菌、苏云金杆菌悬浮液杀死幼虫。在病毒疫区，将从野外收集的染病死虫放于瓶中并置于冰箱内保存，以后用死虫:水=1:5000(重量)的比例喷洒树冠，可使取食幼虫感病死亡；也可喷洒80%敌敌畏1000倍液，或50%马拉硫磷1000倍液，或10%广效敌杀死2500倍液杀死幼虫。保护幼虫期、卵期天敌，发挥它们对害虫的抑制作用。

⑪分月扇舟蛾：在卵盛期，可采摘有卵叶片集中销毁。在幼虫期，喷洒

80%辛硫磷乳油1000倍液,或10%氯氰菊酯乳油2000倍液,或2.5%溴氰菊酯乳油2000倍液,杀虫效果可达90%以上。

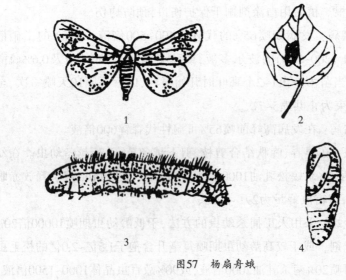

图57 杨扇舟蛾
1. 成虫 2. 卵 3. 幼虫 4. 蛹

⑫杨毒蛾:在树干上捆草束,诱集下树幼虫集中烧毁。用黑光灯诱杀成虫。采用BT乳剂10倍液、飞机喷雾的方法杀死幼虫,或用50%敌百虫乳油500倍液喷冠毒杀幼虫。

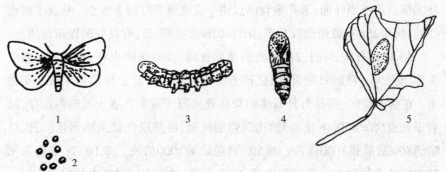

图58 杨毒蛾
1. 成虫 2. 卵 3. 幼虫 4. 蛹 5. 被害状

⑬ 光肩星天牛：在成虫盛期，用1059乳剂1000倍液或10%广效敌杀死2500倍液喷冠毒杀成虫。在幼虫期，用50%杀螟松乳剂200倍液或40%乐果乳剂200倍液喷干杀死初龄幼虫。

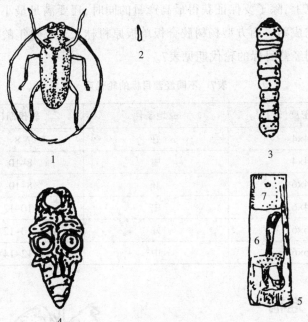

图59　光肩星天牛
1. 成虫　2. 卵　3. 幼虫　4. 蛹　5. 羽化孔　6. 蛹室　7. 产卵刻痕

⑭ 桑天牛：在幼虫期，用敌敌畏乳油加柴油(1:20)注射排泄孔，或用磷化锌毒签插孔，或用苏云金杆菌6号液注孔，杀死幼虫。

⑮ 咖啡木蠹蛾：在4月至6月上旬，若发现有枝梢受害枯死，用高枝剪将其剪下，集中烧毁，以减少次年的虫源基数。成虫羽化期间，可用灯光诱杀或烟剂熏杀。

⑯ 褐边绿刺蛾：在早春、晚秋结合剪枝，剪下越冬茧，杀死越冬幼虫。在幼虫发生期，喷洒50%杀螟松乳油1000倍液，或90%敌百虫800倍液。释放赤眼蜂防治刺蛾卵，每亩放蜂量为2万~3万只。

5. 采伐

木材采伐以旋切材为目标。参照现在工艺的要求,其2米段小头直径应在26厘米以上,除了要保证获得最高产量的同时,还要满足最小径级要求,即达到工艺成熟。南方型杨树胶合板单板原料林工艺成熟年龄一般为10~14年。不同经营目标的轮伐期见表7。

表7 不同经营目标的轮伐期

造林密度(米)	立地条件	轮伐期(年)
4×4	好	7~8
4×4	中	8~10
4×6	好	8~10
4×6	中	10~12
6×6	好	10~12
6×6	中	12~14

(五)泡桐

泡桐是我国特产的速生优质用材树种,生长快、成材早、繁殖容易、经济价值高。泡桐木材纹理直,结构均匀,是优良旋切树种。

1. 适宜条件

泡桐适宜在气候温暖、土层深厚、疏松肥沃的土壤生长,不耐积水及盐碱,宜在浅山、丘陵地区和地下水位高的平原滩地种植。

图60 泡桐

2. 苗木培育

(1) 良种选用。近年来浙江省各地引种栽培泡桐新品种较少,周边省份推广应用的新品种、优良无性系有豫杂1号、豫选1号、桐选1号、陕桐3号、陕桐4号、苏桐3号、苏桐70、苏桐19、皖桐1号、9501、9502等。

(2) 大径材培育鼓励采用无性造林,苗木培育一般采用埋根繁育。

① 种根选择:种根最好选择1~2年生苗根,一般不用大树根育苗。根穗长度为15~18厘米,径粗1~3厘米。种根采集从落叶后到发芽前均可进行,一般宜在2月下旬至3月中旬进行,挖出的桐根长度需在15~18厘米、粗1厘米以上,将其剪成上平下斜的根穗。剪口要平滑、无损伤。

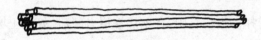

图61 桐根示意图

② 催根催芽:催根的目的是用提高温度的方法,促使种根不定芽和不定根分化,达到缩短幼苗出土时间、出苗齐的效果。催根的方法有很多,当前常用的有阳畦催芽。具体方法是:选择向阳背风的地方,挖一个宽1.5米、深30厘米、东西方向的阳畦,畦底铺5厘米厚的湿沙,将种根大头向上、单根直立于坑内,种根间填充湿沙,上盖塑料薄膜,10~15天即可发芽,芽长1厘米左右即可育苗。

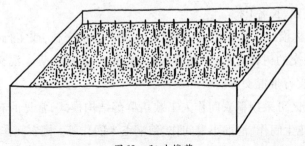

图62 阳畦催芽

③ 埋根时间与方法：浙江省泡桐埋根时间一般在3月上中旬。在垄上按株距挖好穴,将种根大头向上直立穴内,顶端埋入土中1厘米,将两边土壤压实,使种根与土壤紧密接触。催过芽的种根,如芽长到5厘米以上,埋根时应将芽露出地面。

④ 育苗密度：密度对苗木质量影响极大,所以应根据育苗目标、土壤肥力和管理条件而定。如要培养高4米左右、地径6厘米以上的壮苗,埋根密度以1米×1米或1米×1.2米为宜,每亩埋根667~556株。若要培养更大的苗木,如干高5米以上的壮苗,则可采用1.2米以上的行距。为使苗木提前出苗,延长生长期,提高苗木质量,在埋根后进行地膜覆盖是行之有效的措施。

3. 营造技术

（1）立地选择。泡桐喜肥,喜土层深厚、通气性好的土壤,同时又怕盐碱、怕水淹、极喜光,所以培育泡桐大径材应选择土层深厚、湿润肥沃、排水良好、地下水位低的壤土或沙壤土。农地、四旁（路旁、宅旁、树旁、沟旁）、河流两岸即可作为造林地,在土层深厚、湿润肥沃的丘陵低山地区也可营造人工林,在深山区则可选择在山岙、坡脚等土层深厚肥沃的小地形上造林。

（2）整地。山地造林,整地尤为重要,可采用鱼鳞坑整地或水平带整地。造林时按穴的规格深挖坑,刨石换土,松土层宜在70厘米以上。在土壤比较黏重、板结的情况下,整地深度要大些,通常为0.8~1.0米；在土质疏松的情况下,深度可小些,通常为0.5~0.8米。每穴施用基肥10~20千克,穴可大一些,深、宽、长各1米。

（3）造林模式。泡桐可营造纯林,也可营造混交林,或实行桐农间作。常和泡桐混交的树种有杉木、乳源木莲、黄山木兰、桤木等。混交方式可采用星状混交、行带混交等。

平原地区可采用桐农间作人工栽培群落结构模式,常见的有泡桐棉花间作、泡桐花生间作、泡桐小麦间作、泡桐玉米间作等。桐农间作时,泡桐行的走向不一定都要严格垂直于主要害风方向,也可采用南北走向,这样既可起防护作用,又可延长光照,增强光照强度,减少遮阳时间。泡桐株距以4~6米为好,行距以5米为好。

(4)造林密度。在适地适树的前提下,造林密度与泡桐种类、经营目的、立地条件、造林地类型等因子有关(见表8)。在路旁、渠旁、河旁,泡桐可成行栽植。单行栽植,株距以3~5米为好;双行栽植,株距可采用3米×3米或3米×5米的三角形配置。山地人工纯林,可采用(3~6)米×(3~6)米的规格配置,一般多采用5米×5米,每亩为26株。

表8 造林密度

造林方式		混交方式	株行距(米)
纯林	四旁造林	单行栽植	3~5
		双行栽植	(3×3)或(3×5)
混交林	山地人工林	行带	(3~6)×(3~6)
	泡桐和杉木	行带	泡桐5×10,杉木1.6×1.7或2×2.5
	泡桐和黄山木兰或栲木	行带	3.5×2.5,混交比例为3:1
	泡桐和乳源木莲	星状	泡桐6×6,乳源木莲2×2,混交比例为1:8

注:桐杉混交林中,泡桐株行距为5米×10米,杉木株行距为1.6米×1.7米或2米×2.5米。泡桐和黄山木兰或栲木混交,可采用行带混交,混交比例为3:1,株行距为3.5米×2.5米。泡桐和乳源木莲混交,可采用星状混交,混交比例为1:8,泡桐株行距为6米×6米,乳源木莲为2米×2米。

(5)造林。采用植苗造林,在春季2~3月造林为宜。

4. 林分管抚

(1)幼林抚育。

①修枝间伐:泡桐定植5~6年后,树冠扩大。为促进泡桐生长,要及时进行修枝。修枝在早春萌动前进行最好,修枝要适当,修枝切口一定要平

滑,以利于伤口愈合,保证泡桐的正常生长。

②高干培育:高干培育是加快泡桐生长、提高木材利用率和材质规格的重要技术措施。泡桐高干培育的方法主要有平茬接干法、抹芽接干法、钩芽接干法、目伤接干法和平头接干法5种。

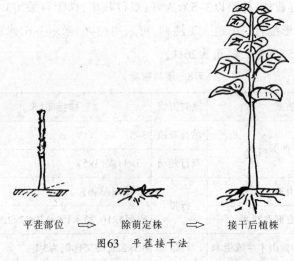

平茬部位 ⇒ 除萌定株 ⇒ 接干后植株

图63 平茬接干法

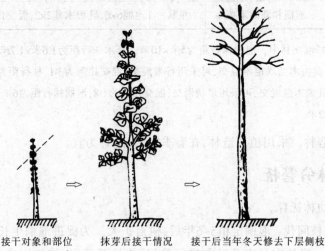

接干对象和部位　抹芽后接干情况　接干后当年冬天修去下层侧枝

图64 抹芽接干法

钩芽工具

当新芽长到10厘米左右时,用铁丝钩钩去下层侧芽

铁丝钩　　锯条钩　　　　　　　　　　　　　　钩芽

图65　钩芽接干法

目伤前　　　　　　目伤后　　　　　　修枝后

图66　目伤接干法

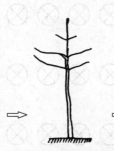

平头部位　　　　平头接干后初期生长　　接干后的成材泡桐

图67　平头接干法

51

③ 施肥：基肥一般采用腐熟的厩肥、堆肥或混合肥，于穴状整地时，和表土混合均匀后填入穴内，每株15~25千克，或施用饼肥1~2.5千克。追肥一般在4~6月施用，可用各种速效肥，也可用腐熟后的土杂肥和人粪尿等。施用方法是在离树干基部50~70厘米处挖一个26~30厘米深的圆形沟，然后均匀施入肥料，覆土封盖。

（2）间伐。当林木进入完全郁闭、林木生长发育尚未受到影响、林木分化还没有表现出以前，即可进行间伐。间伐要考虑造林密度的大小、间伐材的利用等因素。造林密度为3米×3米、4米×4米、4米×5米或5米×5米的泡桐片林，可采取隔行间伐或隔株间伐。

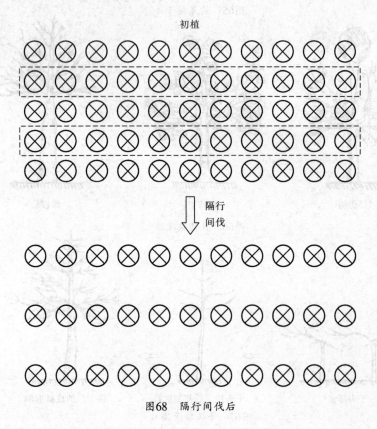

图68　隔行间伐后

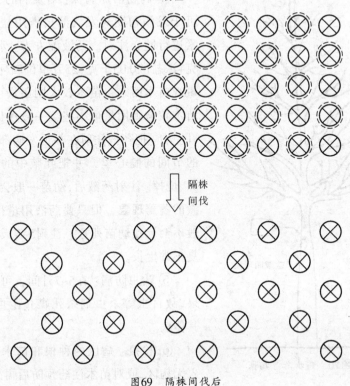

图69　隔株间伐后

(3) 病虫害防治。主要危害由丛枝病的蔓延造成。丛枝病又称扫帚病,对苗木和幼树的生长影响很大,病株轻者生长缓慢,重者死亡。有病苗木为丛生状,茎叶细小、黄化,当年冬季地上部枯死。幼树发病后,多在主干或主枝上部丛生小枝、小叶,形如扫帚或鸟窝。病原为类菌质体。

防治方法:

① 选用抗病树种。

② 培育无病壮苗:选用无病母树的根作繁殖材料,或用50℃温水浸根10分钟,以杀死病原体。采用种子培育的实生苗,不易发生丛枝病。

③ 树枝初发病时须及时修除。

④药物治疗病株:对发病的平茬苗,可于发病初期对发病的植株用盐酸四环素进行髓心注射。药液配方为:水4.25千克+浓盐酸0.05千克+25万单位四环素。用量视苗木而定,苗木较大则用量可大些,苗木较嫩则用量可小些,一般在15~20毫升左右。把药液注射在靠近发病部位下端的节间的髓心里,并把叶腋中的丛枝摘除、烧掉。注射药液后,幼苗一般会发生轻微的萎蔫现象,但只要药液用量得当,一般不会导致幼苗死亡。注射5~7天后即恢复正常生长。

⑤治虫防病:在5~7月间,可喷洒乐果、敌百虫等杀虫剂杀死媒介昆虫,阻止其传病。

⑥检疫:病区的种根和苗木禁止传入无病区,或对苗木注药预防后再外运。

图70 药物治疗病株

5. 采伐更新

泡桐生长快,成材早,主伐期短。具体的主伐期是由造林目的、木材的工艺成熟标准以及造林地的立地条件决定的,旋切材的轮伐期一般需8~10年。培育大径材可采用留根萌芽更新,即在采伐母树时,刨坑截根,把树干连同树桩挖出,留下树根,通过根系萌芽自然恢复而成。

萌芽更新,则林木生长快,增产效果明显,连续接干能力强,树干通直圆满。同时,还能节省整地、苗木和造林费用。萌芽更新既能产生较好的经济效益、简便易行,又能有效保护土壤结构,防止土壤流失,是一种科学合理的更新方法。

三、珍贵用材培育模式

（一）榉树

大叶榉又称血榉、鸡油树、黄栀榆，为榆科、榉属，是国家二级保护树种。榉树生长快，主干通直，寿命长。边材黄褐色或浅红褐色，心材带紫红色，纹理美观有光泽，无特殊气味和滋味。木材紧硬而有弹性，纹理直，重而硬，且耐水湿、耐腐朽，为高级家具、装饰用材等的珍贵用材。

图71 榉树

1. 适宜条件

榉树喜肥沃、湿润的土壤，在海拔700米以下的山坡、谷地、溪边、裸岩缝隙处生长良好，所以应选择低山中下部，向阳山坡，土层较深厚、腐殖质层在10厘米左右、肥力中等以上的谷地、山脚和坡度在30°以下的山坡栽植。

2. 苗木培育

（1）采种。应从30年生以上、结实多且籽粒饱满的健壮母树上采种。

采种母树以树形紧凑、树体高大、干形通直、生长旺盛和无病虫害的为优。采种时间在10月中下旬,当果实由青转褐色时进行。采种方法多用自然脱落法或剪枝法。

种子采集后要先除去枝叶等杂物,摊在室内通风干燥处让其自然干燥2~3天,然后再行风选。在种子贮存前必须将含水量控制在13%以下。干燥的方法有:将种子摊晒于室内自然干燥5~8天,用沸石等干燥剂干燥处理3天,或用60℃的烤箱处理8小时。

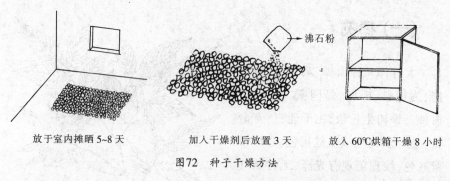

放于室内摊晒 5~8 天　　加入干燥剂后放置 3 天　　放入 60℃烘箱干燥 8 小时

图72　种子干燥方法

种子随采随播;也可混沙于室外贮藏或装在布袋中,置于阴凉通风处贮藏,翌春播种。每千克坚果约有种子5万~7万粒。种子发芽率不稳定,大年所采种子发芽率达50%~70%,小年所采种子发芽率只有20%~30%。

(2) 种子育苗。选择背风向阳、肥沃的沙壤土或轻壤土,经过精耕细作与土壤消毒等常规处理后,每亩用100千克饼肥或1500千克腐熟的猪羊粪作基肥。苗床宽为120厘米。于播前3天在圃地周围放鼠药,毒杀周围的老鼠。以后每10天再放一次,直至大部分种子出苗为止。混沙贮藏的种子在雨水或惊蛰时播种。干藏种子于播种前浸水2~3天,除去上浮瘪粒,取出下沉种子,再用0.5%高锰酸钾或1%漂白粉浸种30秒,晾干后条播,行距为20厘米,沟底施用少量磷肥。播种量为每亩5~8千克,具体视种子质量而异。播后用焦泥灰覆土,厚度不超过0.5厘米,并立即用草或塑料薄膜覆盖,保持苗床湿润。播种及出土时要防止鸟害,出苗后及时揭草。

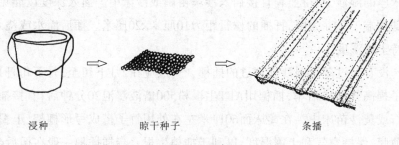

| 浸种 | 晾干种子 | 条播 |

图73 种子育苗

出苗后约2个月,选阴雨天将小苗移栽均匀(代替间苗),浇好定根水。20天后,等被移动的苗都恢复正常生长之后,施1%尿素水溶液;20天后,再施1次。及时松土、除草,每月不能少于1次,原则上有草就除,大雨后松土。每半个月用50%敌敌畏乳剂1000倍液治虫1次。榉树苗期普遍有分杈现象,分杈将使树干不通直和影响材质,所以应在苗期进行修剪,蓄好一枝主干。榉树苗期生长十分迅速,1年生实生苗平均高110.19厘米,地径1.34厘米,可出圃造林。产苗量达1500万~2000万株/亩。

(3) 扦插育苗。插条年龄与插穗成活率呈正相关,应选用1~5年生母树上的粗壮杈枝、侧枝作为插条,亦可选用大树采伐后从伐桩上萌发的枝条。秋季落叶后剪切插条,再将插条剪成长8~10厘米、直径0.3~1厘米、上口距上芽1厘米、下口距下芽0.5厘米的插穗,每枝插穗保留4~5个芽。捆扎后放在5

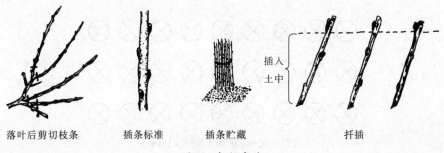

| 落叶后剪切枝条 | 插条标准 | 插条贮藏 | 扦插 |

图74 扦插育苗

厘米厚的湿沙上,待翌春直接插入沙壤苗圃或沙床中。插入深度以能见到插穗顶端一个芽为限,扦插的株行距为10厘米×20厘米。插后灌水或浇水,保持土壤湿度。

没有经过冬季湿沙处理过的插穗,一般应在2月下旬至3月下旬扦插。为了提高扦插成活率,插穗用ABT生根粉500倍液浸泡20分钟后,直接插入蛭石或黄沙苗床中。在离床面60厘米左右处用竹子搭成弓形棚架,上覆塑料薄膜,保持空气和土壤湿度,以利于插穗生根。春插插穗一般在插后40~75天生根,梅雨季节将苗移栽到苗圃中,株行距15厘米×30厘米。栽后淋透水1次,以后3天早、晚各淋1次。正常的田间管理同一般插圃管理。插条的阶段,插穗发育年龄小,若管理得当,硬枝扦插一般生根率在80%,当年生苗平均高度可达0.5~1.5米。

3. 营造技术

(1)造林模式。根据不同的立地条件栽植不同树种,如山顶、山脊植马尾松,山弯、山脚植榉树,形成马尾松和榉树的块状混交林。

在立地条件较好的山坡中下部栽植榉树与杉木行状混交林。榉树与杉木1:1行状混交,在20~25年时可将杉木全部砍去,留下榉树优势木,培养大径材,株行距宜为5米×5米。

(2)造林密度。纯林以1.6米×1.6米、2米×1.6米的密度为宜;混交林则以榉树与杉木1:1行状混交,密度为1.6米×1.6米、2米×1.6米。

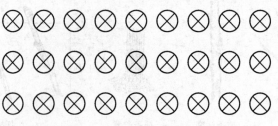

图75　纯林(密度为1.6米×1.6米)

图76　榉树与杉木混交（密度为1.6米×2米）

(3) 整地、栽植。细致整地采用块状加大穴（50厘米×50厘米×40厘米），表土回穴。在3月上旬，选无风阴天或小雨天用大叶榉1年生实生壮苗栽植，有病虫、无顶梢、弯曲、无明显主干的苗概不上山。栽植深度为苗期地面与苗茎相接处印痕之上3~6厘米。栽植时要做到苗根舒展、覆土细致，严禁大土块和石块压在根部，回填土要踏实。

4. 林分管抚

造林后的2~3年，应进行松土、施肥、除草和培土等工作，达到消灭杂草、蓄水保墒的目的。

(1) 修枝。榉树是合轴分枝，发枝力强，梢部弯曲，顶芽常不萌发，每年春季由梢部侧芽萌发3~5个竞争枝，直干性不强，可通过修枝，人为地进行调控，有利于培育通直圆满的主干。经过修枝的榉树，无论高生长量还是地径生长量都较不修枝的大，苗木主干明显，长势较好。为培育榉树通直主干，栽植后宜每年进行修枝，并在树旁插一根竹竿，将主枝绑在竹竿上，防止主干弯曲。待主干枝下高达5米以上、胸径达5~6厘米时，解绑除竿，留养树冠。用此法可培育通直、高大、圆满的主干。要坚持修

图77　修枝

枝,有条件的可持续10年。但如果修枝过度,叶面积少,则初期直径生长较慢,反而会延长成林年限。为促进早期直径生长,养成端直树干,也可在栽植时随即进行截梢,将苗干上部一段瘦弱弯曲的梢部(约为新梢的1/3)剪掉,留芽尖向上的、饱满的剪口芽,并将剪口芽以下的5~6个侧芽除去。同时,适当剪除强壮侧枝,连续几年,待主干达到预期高度时留养树冠。

(2)纵伤。榉树树皮光滑,没有纵裂,树皮紧包着树干,阻碍林木生长;所以可在榉树胸径达4~5厘米、每年春季萌芽前,用锋利的刀对树干的活树皮进行深达木质部的纵切割。通过纵伤,打破厚壁细胞环,削弱对内部的压力,为树干增粗生长解除障碍。

图78 纵伤

(3)间伐。榉树冠幅大,中等喜光,植株过密会影响生长。育林时应将遭受虫害而无主干、歪斜弱小、无培养前途的植株去掉,或萌芽更新,使之形成通直的树干、整齐的林相。

榉树病虫害不多,常见的有大袋蛾,在7~9月为害最重,可用50%敌敌畏乳剂1000倍液喷杀,亦可在冬季或早春用人工剪摘虫囊。

5. 采伐

榉树为速生树种,早期生长快,后劲足。榉树人工林的采伐周期一般为30~40年。

(二)红豆树

红豆树又名鄂西红豆树、红豆树,为蝶形花科、红豆树属植物,常绿乔木,是我国中亚热带、北亚热带亟待开发利用的珍贵阔叶树种。心材质

图79 红豆树

坚、厚重,结构细致,木纹坚硬、有光泽,花纹美丽,收缩性小,是高级建筑装潢、工艺雕刻和家具用材。

1. 适宜条件

红豆树为亚热带树种,喜温暖湿润、雨量充沛、夏季凉爽多雨、空气湿度大的环境。红豆树较耐寒,适生于红壤,适宜pH为4.5~5.6,对土壤肥力要求中等,但对水分要求较高。在土壤肥沃、水分条件较好的山洼、山麓、水口等处生长快,干形也较好。

2. 苗木培育

(1) 采种。采种要选择30~60年生以上的优良母树。在10月下旬至11月上旬,当荚果呈黄褐色、将要开裂时采集。采回的荚果稍加曝晒后摊于室内,待果实自行开裂后剥出种子,也可用木棒敲打或翻动。将处理好的种子

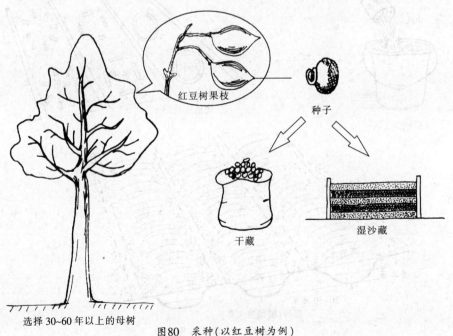

选择30~60年以上的母树

图80 采种(以红豆树为例)

装入布袋或器皿内，放通风处干藏，也可湿沙贮藏。荚果出籽率为30%~40%，种子千粒重约为900克，每千克种子约为1100粒。

(2) 育苗。播种季节以2~3月为宜，也可冬播。播种前用40℃温水浸种2~3天后再播种，发芽率可达80%左右。播种前要选择土壤疏松肥沃、排水良好的地点作圃地，施足基肥，消毒土壤，整地作床。一般每公顷施用腐熟猪粪9000千克，磷肥370千克。采用条播，每公顷播种525千克，条距为20~25厘米，播幅为15厘米，沟深为5厘米，沟底放焦泥灰2厘米，覆土3厘米，然后盖狼衣草保温、保湿。播下约一个月后种子发芽出土，出土后要及时揭除狼衣草，并进行拔草、施肥、喷药。及时补苗、定苗，每隔4~6厘米定苗1株。在5~9月间，要除草施肥7~8次，喷药2~3次。8月开始要多施磷、钾肥和焦泥灰。1年生苗高30~40厘米，地径为0.5~0.8厘米，可出圃造林，部分小苗可再移植1年。每亩产苗量达30000万株左右。

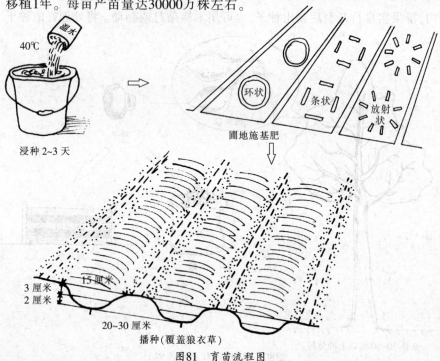

图81　育苗流程图

3. 营造技术

（1）立地选择。红豆树对水肥条件要求较高，喜肥喜水，所以造林地应选择土层深厚、肥沃、水分条件较好的山坡下部和河边冲积地。干燥、瘠薄的立地及山顶、山脊不能造林。

（2）整地挖穴。头年秋冬季或造林前1个月进行林地清理，劈除灌木和杂草，清理范围一般为1.5平方米。整地方式可采用带状或块状整地，深40厘米。挖种植穴时，表土和心土分开堆放。1年生苗木种植穴规格为0.5米×0.5米×0.4米；2年生苗木种植穴规格为0.6米×0.6米×0.5米。

（3）造林模式。造林密度纯林一般为每公顷1200~2000株，混交林为每公顷2000~2500株。适当密植可提早郁闭，有利于培养优质干材。红豆树可与杉木、马尾松等针叶树混交造林，杉木与红豆树混交比例为1:1或2:1，采用株间混栽或行间混栽。由于红豆树树冠较大，其株行距应大于杉木，这是混交造林时需要注意的。立地条件好的林地，可同其他阔叶树种营造块状混交林。

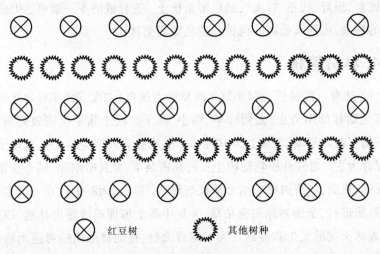

图82　行间混栽造林模式

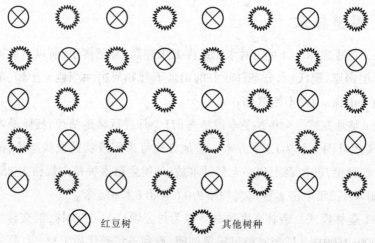

⊗ 红豆树　　　⊛ 其他树种

图83　林间混栽造林模式

(4) 栽植。一般在春季植苗造林,即在树液流动前定植,也可在树木休眠期的冬季造林。尽量采用本地苗圃培育的良种壮苗造林。苗木应做到随起随栽,并适当修去部分枝叶,以减少蒸腾。裸根苗应及时打浆,主根过长者应适度修剪。选择雨后无风的阴天造林,栽植前先回填表土,施基肥。栽植时做到"根舒、扶正、打实",最后覆盖松土。造林成活率一般可达95%。条件好的林地,可同其他阔叶树种营造块状混交林。

4. 林分管抚

(1) 抚育。造林后,前4年每年除草松土抚育1~2次,第5年后每年抚育1次,直至幼林郁闭为止,做到除早、除小、除了。松土除草应该做到里浅外深,不伤害苗木根系,深度达5~10厘米。首次抚育时间为5~6月,以松土、除草、埋青为主。对穴外影响幼树生长的高密杂草,要及时割除,结合扶苗、除蔓、除蘖、施肥,经济树种应结合修枝与整形。第2次为8~9月,在主要草种种子成熟前进行,全面割除高密杂草,并集中覆土填埋或清理出林地,以防止冬季森林火灾的发生和蔓延。为了培育大材,在幼林郁闭后可适当将林内幼树带土移出,作为四旁绿化树种。抚育时要结合修枝,以利于培养干形。

(2) 施肥。栽植时先回填表土，施用进口复合肥作基肥，用量为每穴0.1~0.2千克，并与表土充分混合。结合抚育管理，每年施1次复合肥，每株为0.1千克。

(3) 间伐。幼林郁闭后的第5~6年进行第1次抚育间伐，主要伐除被压木和个别生长过密的林木，强度为伐去总株数的1/3。

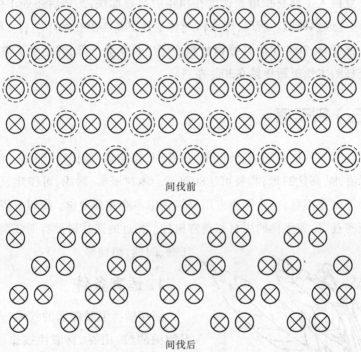

图84　间伐前后密度变化图

(4) 病虫害防治。鄂西红豆角斑病会危害当年新叶，严重影响林木生长。发病初期在病叶上出现针头大的褐色斑点，继而逐渐扩大成典型的多角形褐色斑点，后期许多小角斑连在一起形成不规则坏死型的块斑，部分病叶焦枯脱落。病菌以菌丝在病叶上过冬，翌年3~4月以分生孢子借气流传播，侵染新叶。在潮湿、高温的春夏季节，分生孢子可进行多次再侵染。5~6月为病害盛发期。防治方法为：

① 秋季结合抚育,收集病叶烧毁或深埋,减少次年病源。
② 用1%的波尔多液喷雾3次,初春展叶时1次,叶子长成后1次,隔半个月再喷1次,可防止病害蔓延。

5. 采伐

红豆树人工林材积增长速度在14年后明显加快,20年后还处于生长高峰期,林分成熟期迟。所以,红豆树纯林主伐更新年龄在40年左右。红豆树与杉木混交林,30年生时红豆树材积连年生长明显下降,并达到成熟期,所以混交林的主伐更新年龄在30年左右。

(三) 刨花楠

刨花楠又称刨花润楠、竹叶楠、刨花树、粘柴等,属樟科、楠属。刨花楠为常绿乔木,高达21米,胸径可达80厘米。木材坚实、耐用,可作建筑、高级家具及雕刻等用材,在我国南方用材树种中占有重要地位。该树树姿优美,枝叶茂密苍翠,为优良的用材和观赏树种。相近的造林树种有浙江润楠、浙江楠、闽楠、桢楠等。

1. 适宜条件

刨花楠喜温暖湿润的气候,多生于湿润的阴坡、山谷,喜酸性或微酸性的山地红壤和黄壤。适宜栽培区为年平均气温15.3~17.4℃,1月平均气温3.0~6.7℃,极端最低气温-13.3℃;7月平均气温27.0~28.3℃,极端最高气温41.2℃;年降水量1407.7~1980.5毫米,年平均相对湿度78%~83%。该树耐阴,在湿润的阴坡、微酸性或中性、富含腐

图85 刨花楠

殖质的沙壤土中,特别是疏松、湿润、肥沃、排水良好的山脚、山沟边生长较好。

2. 苗木培育

(1) 采种。选择健壮通直的壮龄母树,在7月上中旬果实成熟时采收。采种时切忌打枝,应在树冠下平铺采种布,一人上树用竹竿击落。当果皮有4%~6%的面积由青色转为蓝黑色时,用竹竿击落果实或高枝剪采下果枝,收集处理。需要贮藏的种子需成熟一批采收一批。为避免影响下批种子,最好手工采摘。自然掉落的果子在数天内会果皮腐烂、种子暴露,优良度迅速下降,不可再收集使用。

果实收集后,马上清除枝叶,将青果和黑果分开。黑果需当天处理,不能堆沤发热。方法为:将果实用水浸后,在箩筐内搓破果皮,果皮便自然浮出,瘪坏粒也能基本浮除,洗净后在阴凉通风的室内阴干,晾至无水迹即可播种或贮藏。这种果实的出籽率达40%~45%,优良度达90%,可进行贮藏和运输调拨。青果摊成薄薄一层,后熟2~3日,应经常翻动以免发热,然后用水浸1~2天,捣碎果皮,清除杂物,洗净种子,摊于室内稍阴干,马上安排播种。青果出籽率约30%~35%,优良度为60%,不可贮藏或运输调拨,只适合在就近苗圃播种。

(2) 育苗。刨花楠育苗以种子繁育为主,可分为大田育苗和容器育苗。

① 大田育苗:大田应选在避风的林间空地或短日照的山垄地。平地育苗,圃地应选择西北方向上有高大物体遮阳的地方或搭建遮阳棚遮阳,要求圃地排水和灌溉条件方便,土壤为疏松、肥沃的沙质壤土。种子随采随播或沙贮至胚根稍萌动时尽快播种。选择疏松、肥沃、排水良好的沙壤土圃地,精耕细耙,整畦作床,做好土壤消毒和杀虫工作。播前圃地应喷水灌溉,可采用条播或点播,开浅沟,行距为20~25厘米,每平方米苗床播种125克(从青果中洗出的种子以此量的1.5~2倍计算用种量)。种子播前用0.3%多菌灵浸种,随播随覆土、浇水,搭遮阳棚。在光照较强时,播种后应迅速覆土浇水、搭建遮

阳棚。一般播种5~8天后幼芽出土,子叶不出土。利用子叶营养高生长4~8厘米,然后停滞,开始展叶和地下部分生长。每隔3~5天需喷洒0.3%的托布津防腐防霉一次,不然幼苗易感染茎腐病,土壤较黏重的圃地发病尤重。

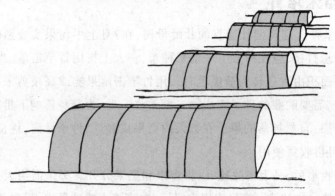

图86　大田育苗

幼苗初生长期不需补充肥料,但逢伏旱干燥,需常淋水降温保湿。当年苗高15~20厘米,有叶4~5片。在次年春天的2~3月可上山造林。如要培育绿化苗木,此时也应及时移植培育。移植培育应选择肥沃壤土和轻壤土的山垄和沟谷半阴圃地,整畦作床,开沟移植。幼苗起土后要剪除过长的根系并摘除一半叶片。如需运输,则随起苗随打浆,摘去大部分叶片并盖草保温。移栽行距为15~20厘米,每1米长移刨花楠5~6株,每公顷移植刨花楠22.5万~30万株。幼苗移栽后要及时浇水,遮阴。6~8月为苗木速生期,需加强水肥管理。9月后停施氮肥,多施磷、钾肥,以促进苗木木质化。如水肥得当,移植1年的苗木高可达80~110厘米,地径1.5~2厘米。

②容器育苗:一般在塑料大棚内进行。首先要浸种催芽,用温水将种子浸泡24小时后放入催芽室进行催芽,待30%以上的种子露芽时,可一边挑种一边播种(挑出露芽的种子进行播种,其余种子再催芽),播种后5~8天出苗。由于播种季节正值盛夏,气温高,出苗后要注意大棚内的温、湿度,注意遮阴并采用喷雾设备以达到增湿降温的目的。当真叶长出1星期后,选用磷酸二氢钾进行第1次叶面施肥,以后每隔7~10天施一次肥。当苗木半木质化

后,尿素与磷酸二氢钾可混合施用。大棚容器育苗要注意病害的防治,苗期选用甲基托布津、多菌灵、井冈霉素、百菌清等杀菌剂定期喷洒,防治苗木茎腐病、叶斑病等病害。容器苗一般6~8个月可出圃造林。

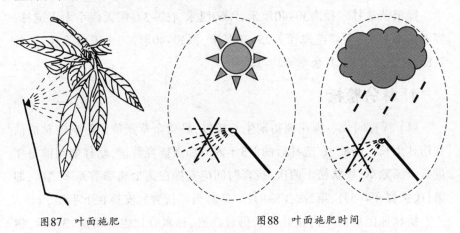

图87 叶面施肥　　　　图88 叶面施肥时间

3. 营造技术

(1) 立地选择。刨花楠喜湿耐阴,对立地条件要求较高。造林地宜选择海拔800米以下,土层深厚、疏松、肥沃及排水良好的山坡和山谷,以弱酸性的土壤为宜。

(2) 造林模式。刨花楠幼年耐阴,通过混交方式有利于提高造林成效。但刨花楠幼年生长相对较慢,因此混交造林时应根据伴生树种特性,确定合理的混交比例。一般刨花楠比例应大些,如杉楠混交比应为1:3~1:4,以行带混交为宜,并通过适时间伐杉木,确保杉楠混交林中杉木护着别盖着、挨着别挤着楠木。

(3) 造林密度。株距为1.7~2米,行距为2米,每亩造林150~200株。

(4) 整地、栽植。刨花楠属于深根常绿树种,为提高造林成活率和促进幼树生长,造林栽植的苗木应选用1.5年生的壮苗,选择在1月至2月初的阴天及雨后晴天栽植,并要求造林时做到随时起苗、随时造林,以防止苗木根系风吹日晒。起苗后应摘除树叶,适当修根,主根长度保留20厘米,并蘸泥浆栽植,泥浆中加入3%~5%的钙镁磷,做好根舒、苗正、打紧、适当深浅等技术环节。

裸根苗造林穴径为30~40厘米,深60厘米,在2~3月阴天或小雨天造林。容器苗造林时,容器苗穴径为25~30厘米,深30~40厘米,无需剪除叶片,除7、8月高温季节外,其余季节均可造林。

4. 林分管抚

（1）抚育间伐。刨花楠初期生长较慢,易受杂草竞争而影响造林成活和幼林生长。因此,在造林后的前3年内应加强抚育管理,幼林郁闭前每年进行全面除草、块状松土两次,抚育时间应安排在高生长季节到来之前,即第1次抚育在4~5月,第2次在8~9月。造林当年抚育宜安排在下半年。

幼林郁闭后两年内枝叶生长仍较旺盛,林木分化也不明显。3年后,树冠下部枝叶开始枯黄,林木逐步分化,树冠发育较慢,此期间严禁打枝。幼林一般经过7~8年郁闭,当其充分郁闭后4~5年,即12~13年时自然整枝开始,林木分化比较明显,此时应进行第1次抚育间伐,间伐强度为30%~35%,每亩保留100~140株,郁闭度保持在0.7左右。间隔6~7年,当树冠恢复郁闭,侧枝交错,树冠下部自然整枝明显,胸径生长明显下降时安排第2次间伐,间伐强度为30%左右,每亩保留70~100株。第3次间伐时,每亩保留40~60株。

楠杉混交林的种间矛盾随着林龄增长而激化,如不及时采取调节措施,势必影响刨花楠和杉木之间的相互依存关系,抑制刨花楠的生长,所以应及时对杉木进行修枝、抚育间伐,以保证刨花楠树冠获得充分的侧方光照和营养空间,使其在适宜的环境条件下生长,在混交林中始终处于优势地位。

（2）病虫害防治。危害刨花楠的病虫害较少,主要有:

① 炭疽病:开始出现于老叶尖和叶的边缘。防治方法是在5~7月间,每半个月喷1%波尔多液1次。发病时,每隔7天喷50%代森锌500倍液,连续3次。

② 卷叶蛾：以幼虫吐丝卷缩新萌发的嫩叶，躲在叶苞内咬食叶片。应掌握好幼虫的孵化期，在卷叶前进行喷药，药剂可用80%敌敌畏乳剂1000倍液。如果已卷叶，则需人工摘除虫苞并将其烧毁。成虫有趋光性，可用黑光灯诱杀。

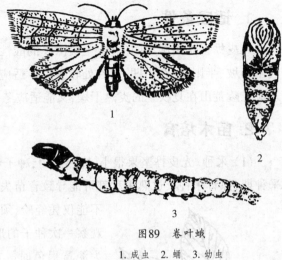

图89 卷叶蛾
1. 成虫 2. 蛹 3. 幼虫

5. 采伐更新

刨花楠具有天然更新能力，其更新方式有两种：一是从母树上掉下的种子发芽，长成幼苗更新；二是利用采伐后伐蔸的根蘖更新。刨花楠采伐后，其伐蔸具有极强的萌蘖能力，很容易形成新的林分。第2种更新方式具有生长快、成材早的特点。

（四）光皮桦

图90 光皮桦

光皮桦又名亮叶桦，属桦木科、桦木属。光皮桦树干通直，生长迅速，病虫害少，是优良的速生用材树种。木材材性优良，边材、心材无甚区别，生长轮略明显，材色呈红褐色，无特殊气味，纹理通直，节疤小而少，有光泽，结构细致，切面光滑，花纹美丽，不翘不裂，加工干燥性能和油漆光亮性良好，是制作实木地板的优质材种，同时也适合作家具、胶合板等。

1. 适宜条件

光皮桦喜温暖湿润的气候、土层深厚的酸性壤土,喜光性中等,多生于向阳山坡、半阳坡,在山凹、山谷处较少见。适应性强,较耐干旱瘠薄,既能适应丘陵荒山在夏秋季的炎热干燥,又能适应冬季的高寒。

2. 苗木培育

(1) 采种。光皮桦坚果很小,成熟期短,种子容易飞散,所以必须把握好采种期,掠青采种及过熟采种都可能导致育苗失败。生产中采种期的确定不能仅凭经验,须从4月下旬开始每隔2~3天观察一次种子的形态变化,当果序由青绿变为淡黄褐色时,在四五天内将果穗采摘下来。采集时在地上摊放种子布,用竹竿钩下果枝收集。切忌在日光下曝晒果子,应及时摊放在阴凉通风处,经常翻动,待3~5天、果序上的种子充分成熟后用手轻搓,即可搓出种子。种子不耐贮藏,脱落净种后即可播种,这时场圃发芽率可达16.5%。若不能及时播种,可继续将种子摊放在阴凉通风处。若气温高,可用清水喷雾以防种子脱水,但常温下不宜贮藏超过12天。完全成熟的种子还可冷藏,在5~10℃条件下保存三四个月可保证种子发芽率在12%左右。

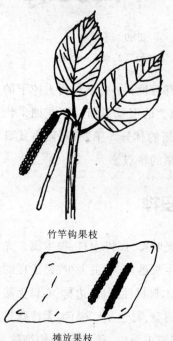

竹竿钩果枝

摊放果枝

图91 采种示意图

(2) 育苗。选择排水良好、土层深厚、灌溉方便的沙壤土,细耕,每公顷施腐熟栏肥20吨,然后筑床。播种季节为5月中旬至下旬,采用撒播或宽幅条播。因发芽率低,应加大播种量,一般以每公顷30~45千克为宜。播种时可拌入湿润的细锯糠,以确保均匀下种。播种后用焦泥灰覆盖到不见种子为宜,再盖狼衣草。8~10天后种子发芽出土,揭草,同时搭遮阳棚。幼苗细弱,抗逆性差,既怕大水大肥,又怕缺水缺肥。雨季应及时清沟排水,7~8月干旱季节应及时灌溉,9月上中旬拆除遮阳棚。另外,要及时拔草、追肥、间苗,每平方米保留苗80株左右。苗高速生期在7~9月,占总生长量的67.6%,苗木直径生长的高峰期约迟1个月。当年生苗高为40~50厘米,根径达0.5厘米,每亩产苗量约30000株,翌春即可上山造林。

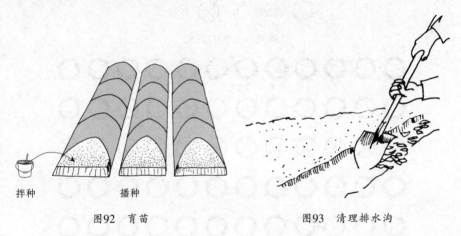

图92 育苗　　　　　　图93 清理排水沟

3. 营造技术

(1) 立地选择。中低山地、丘陵荒山或采伐迹地均可选为造林地。营造纯林,一般应选择山坡中下部土层深厚肥沃、湿润、排水良好的Ⅱ级立地;混交林经营选择Ⅱ、Ⅲ立地级的采伐迹地即可。

(2) 造林模式。纯林初植密度控制在80~110株/亩,山区可稍稀,丘陵可略密。光皮桦适宜与杉木、柳杉、马尾松等树种营造针阔混交林。与杉木混交造林,造林密度为120~140株/亩,杉桦混交比为1:1或2:1,行间混交,但光皮桦株距应加大。若用梅花状混交方式,则杉木与光皮桦按7:1混交比例混交。

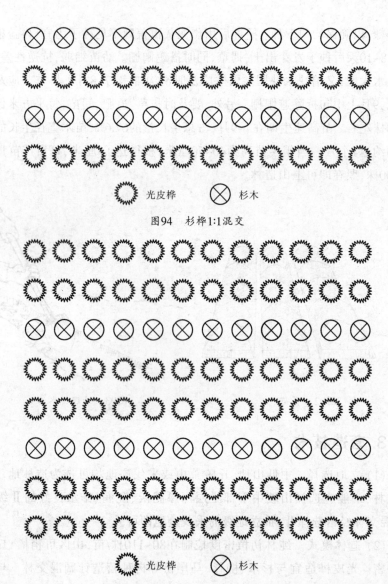

图94　杉桦1:1混交

图95　杉桦2:1混交

(3) 整地、栽植。造林前一年的10月进行林地清理。11月整地,坡度小于15°的全垦整地,坡度大于15°的块状或带状整地。造林前1个月挖栽植穴,开大穴,回表土。立春至雨水间下透雨后造林,择阴天或雨后初晴,避免大风天气。苗木应选择1年生裸根苗,根系完整,无病虫害,高为40厘米以上,地径在0.4厘米以上。光皮桦苗木根系发达,起苗前要充分湿润苗床,注意保护好须根和根瘤不被弄断、弄脱。主、侧根过长可适当修剪。苗木应分级包装,及时打浆种植,泥浆中可加入3%~5%的磷肥。栽植前,要先往穴内回填一层表土,同时施150~250克复合肥或磷肥作底肥拌匀。如造林地附近有光皮桦时,应挖取其根部周围500~1000克带有根瘤的土壤施入穴内,以接种根瘤菌,有利于造林成活和林木生长。植苗时做到深栽、根舒、栽直、压实。

4. 林分管抚

(1) 幼林抚育。造林当年扩穴培土1次,可结合5~6月的幼林抚育施1次复合肥,促进幼树扎根生长。造林前3年每年全面锄草、块状松土1次。第4年以后采用劈草抚育,直至幼林郁闭。

(2) 间伐、整枝。从第4年起应适当修剪下部枝条。与杉木等混交造林,由于种间竞争、分枝减少,侧枝较细,可免修剪。生长至8~10年,树木开始分化,应及时疏伐,留优去劣,间隔期为5~8年。纯林最终每亩保留30~40株,混交林中光皮桦每亩保留15~20株。

(3) 病虫害防治。病虫害较少。幼苗期容易发生焦枯病,从苗梢萎蔫枯死,直至根部腐烂。应在育苗阶段对苗圃科学管理,除了严格实行种子、工具、育苗场地消毒外,出圃的苗木要严格实施检疫,避免病菌随苗木带到新造林地。可以用0.5%~1.0%施特灵、75%的百菌清、25.9%的植保灵喷施,半个月后再喷1次,以彻底杀除病菌。

(五) 木荷

木荷又名荷树、荷木,属山茶科、木荷属,常绿大乔木。树干端直,高达

图96 木荷

30多米,胸径1米以上。树干高大通直,木材浅红褐色至暗黄褐色,心、边材区别不明显,无特殊气味和滋味。结构细密、均匀,切面光滑,有光泽。上漆胶黏性质良好,上漆后光亮性良好。木材旋切性能良好,为优良旋切用材和建筑用材。

1. 适宜条件

木荷适应性强,幼年较耐庇荫而喜上方光照,大树喜光。对土壤的适应性较强,在各种酸性红壤、黄壤、黄棕壤上均有生长,土壤pH为4.5~6.0,以pH为5.5左右最适宜。在土层深厚疏松、腐殖质含量丰富的沟谷坡麓地带生长最好。

2. 苗木培育

(1)采种。选择20年以上树龄,生长良好,结果多的木荷种树采种。有条件的地方应尽量建立母树林,从优良种源获取良种。采摘季节应选择在霜降节气前后(阳历10~11月),果实变浅褐色时为宜,采摘过早果实不够成熟,过晚果实已开裂。采摘后宜在土坪上晒干取种,风选筛干净即可。一般要求种子纯度达93%,优良度在80%以上,发芽率在35%以上,千粒重达4~6克。

(2)育苗。苗圃地应选择交通方便、地势平缓、排水条件良好、土层深厚疏松的旱坡地或水田,土质为沙质壤土或轻壤土。圃地在播种前一年冬季整地,包括犁、耙、平整、作床、镇压等工序。要求做到深耕细整,均匀碎土,清除草根、石块,结合土壤消毒(每亩拌入生石灰10千克),施足基肥。采用宽床窄沟法作床,提高圃地利用率。

播种前用30℃温水浸种催芽,自然冷却后继续浸种24小时,捞去浮在水面的劣种,然后将饱满的种子摊开晾干,拌钙镁磷肥或火烧土即可播种。

于2月下旬播种,播种前15天,选择颗粒性好的黄心土(太黏不好)捣碎过筛,在平整床面均匀铺2厘米厚的土层,并用模板压平,畦中呈龟背形,即可播种。多用撒播,播种量为每亩3.5~10千克。覆土盖草是木荷育苗的技术关键,因为木荷种子小,所以覆土宜浅、盖草宜薄。

播种后20天左右发芽,当70%以上的幼苗出土后即可揭草,揭草应在傍晚或阴天进行。灌溉掌握适时适量,苗木生长初期少量多次,保持床面湿润状态、土壤不板结即可;苗木速生期采取量多次少,灌透灌匀,但要防止冲刷苗木;苗木生长后期要控制灌溉,除特别干旱以外,一般不必灌溉。雨季要注意排水,做到雨后苗沟无积水,以免发生烂根和病害蔓延。

除草应掌握"除早、除小、除了"的原则。一般从3~7月开始,每月拔草2~3次。人工除草一般在雨后或灌溉后畦面湿润时进行,要连根拔除。结合松土施肥,一般在幼苗侧根生长时,进行第1次追肥,浓度由稀至浓,共施用追肥3次,每次为每亩尿素1.5千克;复合肥2次,每次为每亩3千克。

间苗一般在5月开始,拔除生长过密、发育不健全和受伤、感染病虫害的幼苗,使幼苗分布均匀。第1次间苗时补栽补缺,成活率高。间苗一般进行2~3次,最后一次间苗时定苗株数为每平方米135株。

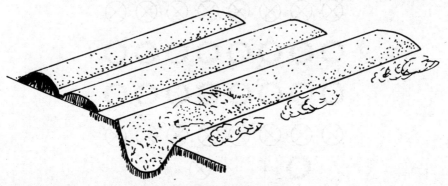

图97　宽床窄沟作床

3. 营造技术

(1) 立地选择。首先是气候适宜,而后是地形(中大地形)适宜,最后是土壤适宜。木荷最适于温暖而不炎热,湿度大而不干燥,无大风的气候。营造纯林的立地要求比造混交林要严格。

(2) 造林模式。

① 木荷纯林:木荷在适宜的立地条件下生长很快,水湿条件好的立地可营造木荷纯林。初植密度不宜大,以100~160株/亩为宜。

② 松荷混交林:立地条件较好的混交模式为松树:木荷按2:1混交,行间排列,初植密度为160株/亩;中等立地的混交模式为松树:木荷1:2行间混交,初植密度为200株/亩。

③ 杉荷混交林:立地条件较好的可营造杉荷混交林,杉木与木荷的混交比例为2:1行间混交,初植密度为166株/亩。

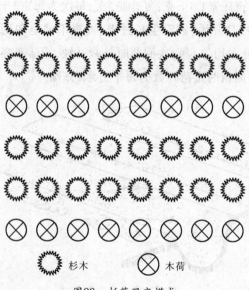

图98 杉荷混交模式

(3) 整地、栽植。在3月上旬,选无风阴天或小雨天用当年生壮苗栽植。有病虫、无顶梢、弯曲、无明显主干的苗概不上山。栽植时要根舒,覆土要细致,严禁大土块和石块压在根部,压实土壤。挖穴规格为60厘米×40厘米×40厘米。造林季节以大寒至立春、越冬芽萌芽前最适宜。栽植时应做到"三随三不,五要点"。"三随"是苗木出圃后应做到随起、随运、随造;"三不"是不伤根、不伤皮、不伤芽;"五要点"是栽深、打紧、根舒、茎直、不反山。

4. 林分管抚

(1) 抚育间伐。幼林抚育以全面中耕除草为主。造林头3年,在每年的5~6月、9~10月各锄草、松土1次。结合扩穴连带除蘖、培土等,在第2~3年秋冬翻土垦复1次。有条件的应在第1次间伐后再深翻一次,深度为10~20厘米。

木荷根际有大量潜伏芽,当栽植过浅、根际裸露、顶芽受伤或茎干偏斜时,会破坏顶端优势,萌发很多萌芽条,造成一树多干,严重影响林木生长,所以应认真做好防萌除蘖工作。为了防止潜伏芽萌动成长,可用厚土培蔸,抑制芽的萌动,并及时扶正歪斜的幼树,保持其顶端优势。注意保护抚育时不伤芽和幼树皮部,特别是不要打活枝。

木荷纯林应适时间伐以确保经营密度合理,一般应在12~15年进行最后一次间伐定株,每亩以保留50~60株为宜。采用下层抚育法,以抚育为主,结合小径材利用,定期伐除枯死木、被压木、病虫木、断梢木、弯曲木、双杈木。遵循"去小留大、去劣留优、去密留疏、种间协调"的原则确定间伐对象。

(2) 主要病虫害。

① 褐斑病:病原菌主要侵染当年的秋梢嫩叶,亦可侵染当年的老叶,春梢少受其害。药物防治方法是用多菌灵(50%粉剂)300~400倍液,10~15天喷洒一次,连续2~3次;或用退菌特(50%粉剂)800~1000倍液,10~15天喷洒一次,连续2~3次。

② 地老虎：幼虫危害苗木。防治方法：在幼虫出土(20:00~22:00)时，逐床查损或清晨掘洞捕杀；傍晚在圃地堆放鲜草，每天清晨揭草捕杀；用毒饵诱杀或用黑光灯诱杀成虫。

③ 蛴螬：蛴螬是金龟子幼虫，主要危害幼苗根部。防治方法：冬季深翻，耕翻时随犁拾虫，予以消灭；施用堆肥、厩肥一定要充分腐熟，以免金龟子产卵；适时提前播种，使苗木提前木质化，减轻危害；在苗期喷施50%马拉松800倍液。

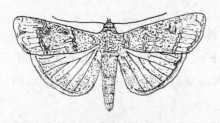

图99　地老虎

图100　揭草捕杀

图101　毒饵诱杀

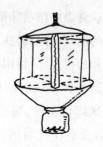

图102　黑光灯诱杀

5. 采伐利用

采取透光伐或渐伐方式进行，培育大径材木荷林的轮伐期不应低于30年。